Th. Wilhelm Engelmann



# Zur Naturgeschichte der Infusionsthiere

Elibron Classics
www.elibron.com

Elibron Classics series.



ISBN 0-543-70482-3 (paperback)
ISBN 0-543-70481-5 (hardcover)

This Elibron Classics Replica Edition is an unabridged facsimile
of the edition published in 1862 by Wilhelm Engelmann, Leipzig.

# Zur Naturgeschichte

der

# INFUSIONSTHIERE.

Von

**Th. Wilhelm Engelmann.**

**Mit 4 Kupfertafeln.**

Leipzig,

Verlag von Wilhelm Engelmann.

1862.

Abdruck aus der Zeitschrift f. wissensch. Zoologie Bd. XI. Heft 4.

# Zur Naturgeschichte der Infusionsthiere.

(Taf. XXVIII–XXXI.)

---

I.

## Beiträge zur Entwickelungsgeschichte der Infusorien.

Seit ungefähr zehn Jahren sind unsere Kenntnisse von der Organisation und Entwickelungsgeschichte der Infusionsthiere in lebhaftem Vorwärtsschreiten begriffen, dank den vortrefflichen Untersuchungen eines *Stein, Cohn, Czienkowsky, D'Udekem, Joh. Müller, Lieberkühn, Claparède, Lachmann, Balbiani, Carter* u. A., vor Allem aber sind es die neuesten Arbeiten von *Claparède-Lachmann* [1]), *Stein* [2]) und *Balbiani* [3]), die der Naturkunde der Infusorien einen neuen Aufschwung gegeben haben. Die beiden letztgenannten Forscher haben sich besonders dadurch ein hohes Verdienst erworben, dass sie die Existenz einer geschlechtlichen Fortpflanzung bei den Infusionsthieren sicher nachwiesen und durch eine reiche Fülle von Beobachtungen über jeden Zweifel erhoben. Da jedoch unsere Kenntnisse von der Entwickelung der Infusorien immerhin noch sehr lückenhaft sind und auch diese Kenntnisse oft nur auf einzelnen, einer Bestätigung bedürfenden Beobachtungen beruhen, so dürfte es vielleicht nicht ungerechtfertigt erscheinen, die nachfolgenden Beobachtungen zu veröffentlichen,

1) *Claparède* et *Lachmann*, Études sur les Infusoires et les Rhizopodes. Trois parties. Genève 1858—1861.

2) *Fr. Stein*, der Organismus der Infusionsthiere. 1. Abtheil. Allgemeiner Theil und Naturgeschichte der hypotrichen Infusionsthiere. Mit 14 Taf. Leipzig 1859.

3) *E. G. Balbiani*, Note relative à l'existence d'une générat. sexuelle chez les Infusoires, in: Journ. de Physiolog., publ. par *Brown-Séquard*. Tome I (1858) pag. 347—352. pl. IV. — Etudes sur la reproduction des Protozoaires. ibid. Tome III (1860), pag. 71—87. pl. III et IV. — Recherches sur les phénomènes sexuels des infusoires, ibid. Tome IV (1861), pag. 102—130, pag. 194—220 pl. VII - IX.

welche ebenfalls theilweis die geschlechtliche Fortpflanzung und besonders den Conjugationsprocess der Infusorien betreffen. Ehe ich jedoch zu ihrer Mittheilung schreite, drängt es mich noch, Herrn Prof. *Stein* für die liebevolle Theilnahme und Anregung, die er mir von Beginn meiner Untersuchungen an zu Theil werden liess, hiermit auch öffentlich den aufrichtigsten, herzlichsten Dank zu sagen. Ich fühle mich dazu um so mehr verpflichtet, als nur durch seine Werke mein Interesse für das Studium der Infusorien erweckt wurde.

Das Material zu den nachfolgenden Untersuchungen lieferten die fliessenden und stehenden Gewässer der Umgegend Leipzigs, besonders des westlichen Theiles derselben, der allein schon mit Berlins Umgebungen an Reichhaltigkeit der Infusorienfauna wetteifern könnte; denn ich habe hier seit nicht ganz 2½ Jahren nicht nur die meisten der wieder zuerkennenden *Ehrenberg*ischen, sondern auch viele der neuerdings von *Claparède* und *Stein* beschriebenen, und manche interessante neue Arten gefunden. Meine Aufmerksamkeit war von jeher besonders auf die Entwickelungsgeschichte der Infusorien, seit letzter Zeit namentlich auf die Conjugationszustände dieser Thiere gerichtet, die ein um so grösseres Interesse erregen als durch *Steins* [1]) und *Balbianis* Untersuchungen dargethan ist, dass bei Paramecium bursaria und aurelia die Conjugation eine geschlechtliche Fortpflanzung einleitet. Diese Forscher zeigten nämlich, dass sich während der Vereinigung zweier Individuen aus der Substanz des Nucleolus Spermatozoen entwickeln, durch deren (zwar nicht direct beobachtetes, aber doch namentlich durch *Steins* Beobachtungen höchst wahrscheinlich gemachtes) Eindringen in den Nucleus dieser zur Entwickelung von Keimkugeln und Embryonen angeregt wird. Soweit sich meine Beobachtungen auf jene beiden Thiere beziehen, kann ich dies bestätigen. Bei zwei conjugirten Individuen von P a r a m e c i u m b u r s a r i a hatte sich der Nucleolus bedeutend vergrössert und war in zwei grosse Kapseln zerfallen, die parallel liegende stabförmige Körperchen enthielten. Ein andermal hatte sich jede dieser beiden Kapseln wieder in zwei lange an den Enden angeschwollene Schläuche verlängert, die ebenfalls mit stabförmigen Körperchen angefüllt waren. Ich verfolgte conjugirte Thiere mehre Tage lang bis zu ihrer Trennung, und noch weiter, ohne jedoch während dieser Zeit die Entwickelung von Embryonalkugeln beobachten zu können. — Ein eigenthümlicher Fall ist die Conjugation von drei Individuen, die mir bei Paramecium bursaria [2]) bisher nur ein einziges Mal vorgekommen ist. Die Kerne zweier der vereinigten Individuen hatten sich zu einer lan-

1) Herr Prof. *Stein* hatte die Güte, mir sowohl brieflich als mündlich mitzutheilen, dass er schon seit längerer Zeit durch neue Untersuchungsreihen zu dem Resultate gekommen sei, dass die im ersten Band seines »Organismus der Infusionsthiere« beschriebenen und daselbst als Längstheilung gedeuteten Zustände nicht Längstheilung, sondern wahre Conjugation darstellen.

2) *Cohn* erwähnte zuerst »Dreitheilung« bei Paramecium bursaria. (Zeitschr. für wiss. Zool. Bd. III [1851], pag. 271).

gen Schnur ausgedehnt, während der des dritten noch oval zu sein schien. Leider finde ich in meinen Zeichnungen nichts in Betreff der Nucleolus angegeben. Conjugation von drei Individuen ist mir unter den Infusorien sonst nur noch bei Vorticella convallaria begegnet. *Claparède* entdeckte sie bei Vorticella microstoma.

Bei Paramecium aurelia [1]) kann ich das von *Joh. Müller* entdeckte Vorkommen von Spermatozoen im Nucleus bestätigen; man findet bald Exemplare, deren Kern nur mässig, bald solche, bei denen derselbe ausserordentlich vergrössert und mehr oder weniger dicht mit Spermatozoen gefüllt ist. Zuweilen füllt er dann fast den ganzen innern Körperraum aus. Drückt man die Spermatozoen heraus, so zeigen sie keine selbständige Bewegung; sie sind jedoch nicht wie bisher angegeben und abgebildet wurde, einfach gleichbreite dünne Stäbchen, oder an beiden Enden zugespitzt, sondern zeigen deutlich eine kurze compactere Vorder- und eine grössere etwas dünnere und durchsichtigere Hinterhälfte. Ihre Länge beträgt meist 0,008 mm. — Von den in Conjugation begriffenen Individuen von Paramecium aurelia beobachtete ich verschiedene Zustände. Die einen, offenbar nicht lange erst vereinigten Thiere enthielten den gewöhnlichen ovalen Nucleus, bei andern hatte derselbe eine mehr oder weniger kugelförmige Gestalt angenommen und begann sich an verschiedenen Stellen seiner Oberfläche einzuschnüren; wieder bei andern conjugirten Exemplaren war er in eine ziemliche Anzahl kürzerer und längerer vielfach gewundener schnurförmiger Segmente zerfallen. Zu gleicher Zeit traf ich einzelne, nicht conjugirte Exemplare, die statt des Nucleus zwei bis vier grössere ovale oder runde Körper und eine ziemliche Anzahl kleinerer Gebilde von gleicher Substanz enthielten. Was hier aus den Nucleolus geworden war, ist mir dunkel geblieben, ich konnte trotz aller Anstrengung die neuerdings von *Balbiani* [2]) so gross abgebildeten Samenkapseln nicht finden. Endlich zeigten sich auch Individuen mit Embryonalkugeln, die meist in der hintern Körperhälfte des Thieres lagen; häufig bot sich Gelegenheit die acinetenartigen Embryonen sich von den Embryonalkugeln abschnüren und durch einen besonderen nach aussen erweiterten Canal an die Oberfläche treten zu sehen.

Conjugation habe ich ferner beobachtet, ohne sie jedoch genauer zu verfolgen, bei Paramecium ambiguum, einer neuen Art aus dem Salzsee bei Eisleben, welche der Gestalt nach mit Param. bursaria übereinstimmt, aber wie Param. aurelia farblos und mit einem Büschel längerer Wimpern am Hinterende versehen ist. — Auch Paramecium

1) Ueber die Conjugationsverhältnisse und die geschlechtliche Fortpflanzung von Paramecium aurelia vergleiche besonders: *Stein*, Organismus der Infusionsthiere. 1. Abtheil. pag. 97—100, und *Balbiani* in *Brown-Séquard's* Journal de la Physiologie, Tome IV (1861), No. XIII, pl. VII. Die Beobachtungen beider stimmen in Bezug auf die Veränderungen, welche der Nucleus erleidet, ganz mit den meinigen überein.

2) *Balbiani* a. a. O. T. IV, pl. VII, figg. 2 9 *b*.

colpoda (Colpidium *St.*), mehrere Trichoda-Arten, Cyclidium glaucoma (Taf. XXVIII, 1), Cinetochilum margaritaceum, Coleps hirtus, ein kleiner Prorodon, Nassula aurea, Lacrymaria elegans n. sp. (Taf. XXVIII, 2 u. 3), und Amphileptus fasciola sind mir conjugirt vorgekommen. Mit Ausnahme der letzteren Art waren bei den Conjugationszuständen aller übrigen je zwei Thiere an ihren Vorderenden miteinander verschmolzen, und zwar so, dass bei denjenigen Arten, deren Mund am Vorderende liegt, wie bei Coleps, Prorodon und Lacrymaria, die Thiere direct mit ihren Mundöffnungen aneinander hafteten, während die übrigen mit dem vor ihrer Mundöffnung gelegenen Theile ihres Körpers verwachsen waren, doch so, dass die Mundöffnungen selbst sich nicht gegenseitig berührten. Die Amphilepten legen sich während der Conjugation ihrer ganzen Länge nach aneinander und es bleibt nur der vorderste Theil des beweglichen Halses und das verschmälerte Hinterende frei. Leider gelang es mir selbst durch längeres Isoliren conjugirter Thiere nicht, weitere Veränderungen zu ermitteln. Doch fand ich in Gesellschaft vieler conjugirter Exemplare von Amphileptus fasciola zuweilen ungewöhnlich breite Individuen derselben Art, welche anstatt der gewöhnlichen zwei runden Kerne vier Nucleus besassen. Wahrscheinlich hatte hier eine Verschmelzung zweier Individuen stattgefunden, ein Process, dem wir bei den Oxytrichinen noch wiederholt begegnen werden. — Vorticella microstoma traf ich einzeln und Vortic. convallaria einmal massenhaft in Conjugation. Es fanden sowol Vereinigungen von zwei wie von drei Individuen statt. Auch bei Urocentrum turbo existirt Conjugation, denn man findet zuweilen je zwei Exemplare dieses Thieres an ihren Vorderenden dachförmig mit einander verwachsen.

Von Chilodon cucullulus hat *Stein* die Conjugationszustände abgebildet: sie sind gar nichts Seltenes. Mir sind verschiedene Zustände zu Gesicht gekommen; in den einen war die linke Rückseite des einen mit der rechten Bauchseite des andern Thiers verwachsen[1]), in den anderen hafteten die Thiere mit der Bauchseite an einander und ihre Mundöffnungen waren eng aneinander geschlossen (Taf. XXVIII, 4). *Claparède* und *Lachmanns* Entdeckung von stabförmigen Körperchen im Nucleus kann ich bestätigen; ich traf zuweilen Individuen von Chilodon, deren rundlich gewordener Kern viele kleine regellos zerstreute Stäbchen enthielt, deren Gestalt der der Spermatozoen von Param. aurelia ziemlich gleich kam. Sie zeigten wie diese ein etwas dickeres, schwach kopfartig abgesetztes Vorderstück und eine wenig dünnere hellere Hinterhälfte. Ihre Länge betrug aber nur etwa 0,004 mm.

1) Aus diesem Conjugationsprocess gehen vermuthlich die Zustände von Chilodon cucullulus hervor, die ausser dem Kern noch einen grossen, durchscheinenden Körper enthalten. (Vergl. das weiter unten über die Conjugation bei Euplotes charon und Stylonychia pustulata Gesagte).

Bei den kleinen Arten von Aspidisca gehört die Conjugation keineswegs zu den seltensten Erscheinungen. *Stein* entdeckte sie bei Asp. lynceus und costata; ich habe sie bei diesen sowohl als auch bei Aspid. turrita aufgefunden. Bei Asp. costata und Asp. turrita fand ich Zustände, die bereits so zusammenhafteten, dass der rechte Rand der Bauchseite des einen den linken Rand des Rückens des anderen deckte. Es ist dies ein späteres Entwickelungsstadium; denn anfangs deckt die linke Seite des rechten Thiers den rechten Rand der Rückseite des linken Thiers, wie bei den Oxytrichinen. Später aber rückt das rechte Thier mehr und mehr unter das linke, wie dies deutlicher bei den grösseren Oxytrichinen zu erkennen ist. (Vgl. Taf. XXVIII, Fig. 12, 13, 15.) Auffallend ist es, dass noch Niemand bisher den Nucleolus der Aspidiscisciinen beobachtet hat; er ist verhältnissmässig sehr gross und liegt stets wie bei Euplotes mehr oder weniger nahe der Mitte der linken Korperseite dicht an den hufeisenförmigen Nucleus geschmiegt. Dieser zeigt zuweilen unweit seiner beiden Enden eine quere spaltförmige Höhle, die genau dem von *Stein* bei Euplotes und den Oxytrichinen entdeckten Spalt [1]) im Kern entspricht.

Das Vorkommen der Conjugation bei den Euploten wurde bereits von *Ehrenberg* erwähnt, dieselbe aber fälschlich für Längstheilung gehalten. In letzter Zeit haben sie *Stein* [2]) und *Balbiani* [3]) genauer studirt und sind zu dem Resultate gekommen, dass sie eine geschlechtliche Fortpflanzung einleitet. Ich kenne die Conjugationszustände von Euplotes patella und charon und habe besonders bei dem letzteren Thier eigenthümliche Vorgänge beobachtet, denen wir später bei den Stylonychien wieder begegnen werden. Am häufigsten findet man die Zustände, in denen sich zwei Individuen mit ihren linken Bauchseiten etwa vom inneren Peristomrand an, aneinandergelegt haben (Taf. XXVIII, Fig. 5). Der Nucleus hat die gewöhnliche Hufeisenform und deutlich ist auch der Nucleolus zu unterscheiden, der regelmässig in zwei nach und nach weiter auseinander

1) *Balbiani* hat neuerlich behauptet (Journ. d. Physiol. Tome IV. (1861) p. 210), *Stein* sei durch eine optische Täuschung zur Annahme eines solchen Spaltes bewogen worden; es sei vielmehr der Kern wie durch einen scharfen Messerschnitt in zwei nicht mit einander zusammenhängende Hälften getheilt worden, und man könne leicht die beiden Hälften von einander entfernen. Mir haben zahlreiche Beobachtungen an den grossen Kernen von Onychodromus, Stylonychia, Pleurotricha und Urostyla gerade das Gegentheil bewiesen. In allen Fällen, ohne Ausnahme, überzeugte ich mich auf das Positivste, dass wirklich ein länglicher, gebogener Spalt vorhanden war, der meist noch von wulstigen lippenartigen Rändern begränzt wurde. Selten findet man den Spalt in der Mitte der Kerne, fast immer liegt er nahe an einem der beiden Enden. Bei Onychodromus liegt er gewöhnlich in den beiden vorderen Kernen nach hinten, in den beiden hinteren Kernen nach vorn zu. Ich komme weiter unten noch einmal auf die Verhältniss der Nucleus und Nucleolus bei den Oxytrichinen zuruck.

2) Organismus der Infusionsthiere. 1. Abtheil., p. 136, 139. Taf. IV, fig. 9.

3) Journ. de Physiol. Tome IV., pl. VIII, figg. 14—15.

rückende Hälften zerfällt. Die Thiere sind nur auf dem vorderen Theil des Peristomfeldes vollkommen mit einander verwachsen. — Neben diesen gewöhnlichen Zuständen begegneten mir nun auch andere, ganz eben so zusammenhängende, bei denen sich auf der hinteren Hälfte des Bauchfeldes eine neue adorale Wimperreihe und ein vollständig neues Bauch-Wimpersystem zu bilden begann (Taf. XXVIII, Fig. 6). Dasselbe dehnte sich mehr und mehr aus, die einzelnen Wimpern wurden grösser, rückten auseinander und die adorale Wimperreihe verlängerte und krümmte sich allmählich. Dabei gingen nach und nach die alten Bauchwimpern zu Grunde, so dass als sich die conjugirten Thiere trennten, nur noch drei bis vier der vorderen und einige der hinteren alten Wimpern vorhanden waren. Gleichzeitig begann sich auch einwärts von dem neuen adoralen Wimperbogen der Innenrand des neuen Peristoms in Gestalt zweier erhabener, gebogener Längsleisten zu bilden, das alte Peristom und die ehemaligen adoralen Wimpern verschwanden bis auf kleine Ueberreste und bald waren auch diese durch das neue, sich immer weiter ausbreitende Wimpersystem verdrängt, das nun bald vollständig die Stelle des alten einnahm (Taf. XXVIII, Fig. 7—11). Noch fehlte jedoch viel, wenn die neuen aus dem eben geschilderten sonderbaren Process hervorgegangenen Individuen der gewöhnlichen Form des Euplotes charon wieder gleich werden sollten. Vor allem besassen sie keinen Mund. Die adorale Wimperreihe reichte nur bis in die Mitte des Peristomfeldes, und die beiden das Bauchfeld begränzenden Leisten verschmolzen nach und nach zu einer einzigen rippenartigen Erhebung, die sich bis zu den fünf Afterwimpern erstreckte. Auch die Mitte des Bauchfeldes wurde ihrer ganzen Länge nach von einer scharfen Leiste durchschnitten, die den gewöhnlichen Thieren abgeht oder doch wenigstens bei denselben nur schwach ausgebildet ist. Am auffallendsten aber unterschied sich das neue Thier vom alten durch die Veränderungen, die der Nucleus erlitten hatte. Derselbe theilt sich nämlich bevor oder sobald sich auf den beiden conjugirten Thieren das neue Wimpersystem zu entwickeln beginnt, in zwei Hälften, deren vordere, bei weitem grösste das ganze vordere Drittel des Bauchfeldes einnimmt, während die hintere kleinere Kugelgestalt annimmt und weit nach links und hinten rückt. Wie der Kern so theilt sich ebenfalls, jedoch schon früher der Nucleolus in zwei Hälften, die neben die Kernhälften zu liegen kommen. Nach der Trennung der Thiere zeigt sich in der linken hinteren Körperhälfte jedes Individuums ein blasser scheibenförmiger Körper, der mehr und mehr nach der Mitte und vorn rückt, an Umfang und Durchsichtigkeit zunimmt und endlich als eine ganz helle etwas plattgedrückte Kugel von äusserst feinkörniger, homogener Substanz oft zwei Drittel des ganzen Bauchfeldes inne hat. Neben oder hinter diesem Körper liegt ein oft ansehnliches Stück des ehemaligen Nucleus, sowie häufig auch eine immer wechselnde Anzahl grösserer und kleinerer, stark lichtbrechender (Fett-?)Kugeln. Ungefähr zwei bis drei

Tage nach ihrer Trennung nehmen die aus der Conjugation hervorgegangenen Individuen wieder die Form der gewöhnlichen Exemplare an, d. h. ihre adorale Wimperreihe ergänzt sich nach hinten zu, Peristom und Mundöffnung werden neu gebildet und der alte hufeisenförmige Kern findet sich wieder. — Es fragt sich nun, woraus jener grosse, durchscheinende Körper im Innern entsteht und zu was er sich entwickelt. Ueber Beides bin ich zur Zeit noch nicht zu absoluter Gewissheit gelangt. Was erstens seine Entstehung betrifft, so bin ich in Zweifel, ob er sich direct aus der hinteren kleinen Hälfte des getrennten Nucleus entwickelt, oder ob er schon bevor eine Trennung der conjugirten Thiere statt hat, sich selbständig aus der Kernsubstanz herausbildet. Für die letztere Annahme scheint mir der Umstand zu sprechen, dass bei zwei Individuen, die im Begriff waren sich zu trennen, ausser den zwei gesonderten Kernhälften bereits ein heller, zart oder scharf umgränzter kugelförmiger Körper (von etwa 0,015 mm. Durchm.) in der hinteren Körperhälfte vorhanden war. Ich konnte denselben jedoch bei einer grossen Zahl von conjugirten Exemplaren, die sich auf derselben Stufe der Entwickelung befanden, nicht entdecken [1]. — Die weitere Entwickelung des erwähnten Körpers besteht nun darin, dass er, nachdem er seinen grössten Umfang erreicht hat, in mehrere (meist zwei bis drei) kuglige Segmente von nahezu gleicher oder verschiedener Grösse zerfällt. Die ferneren Schicksale dieser Kugeln vermochte ich bis jetzt noch nicht zu ermitteln, doch dürfte die Vermuthung, dass wir es hier mit der Bildung von Keimkugeln zu thun haben, nicht unbegründet sein. Ob sich diese letzteren jedoch noch im Innern des Mutterthieres zu Embryonen heranbilden, ist mir desshalb zweifelhaft, weil ich die Rückverwandlung eines conjugirt gewesenen Paares in zwei gewöhnliche Exemplare des Euplotes charon direct verfolgte, ohne Embryonen sich bilden zu sehen. Es wäre also möglich, dass die Keimkugeln von Euplotes nicht wie die der Vorticellinen innerhalb, sondern ausserhalb des Mutterthieres ihre Reife erlangten. Auch *Balbiani* scheint diess anzunehmen.

In der Familie der Oxytrichinen waren es besonders Stylonychia pustulata und Styl. histrio, die mir die Conjugationszustände am zahlreichsten lieferten; sie sind bei diesen Thieren wie bei Styl. mytilus u. a. durch *Stein* entdeckt [2]) und beschrieben worden. Ich habe bis jetzt zwei ganz verschiedene Arten der Conjugation bei jenen bei–

1) Es ist namentlich bei Euplotes charon oft ungemein schwer, die Fortpflanzungsorgane deutlich zu erkennen, und selbst Essigsäure hilft in vielen Fällen nichts. Sehr gute Dienste leistete mir häufig folgendes Verfahren: man isolirt die zu untersuchenden Infusorien, lässt sie eintrocknen und setzt sobald sie eingetrocknet sind, schnell ein Tropfen reinen Wassers hinzu. In diesem quillt der todte Körper wieder auf und Nucleus und Nucleolus treten meist sehr klar hervor.

2) Organismus der Infusionsthiere, 1. Abtheil., pag. 155 u. 156, mit Taf. VII, Fig. 5 u. 6; pag. 162 u 163 mit Taf IX, Fig. 4, 5, 6 u 8; pag. 167 u. 168 mit Taf. IX, Fig. 20—22.

den Stylonychien kennen gelernt. Die eine besteht in einer vollständigen Verschmelzung zweier vorher getrennt gewesener Individuen zu einem einzigen Thier, das zuletzt von einem gewöhnlichen Exemplar nicht zu unterscheiden ist. Bei der anderen Art der Conjugation bildet sich auf den nur mit dem Vorderkörper verschmolzenen Individuen jederseits ein neues Wimpersystem, welches nach und nach an Stelle des alten rückt, und die Thiere trennen sich später wieder. Letzteren Fall haben wir schon oben bei Euplotes charon kennen gelernt.

Betrachten wir zunächst den Verschmelzungsprocess von Stylonychia pustulata (Taf. XXVIII, Fig. 12—14). Bei Beginn desselben klammert sich das eine der beiden Thiere mittelst seiner adoralen Wimpern und seiner starken Vordergriffel so an das andere Thier an, dass seine linke Vorderecke die rechte Vorderecke des anderen Thiers deckt. Diese verwächst nun schnell mit dem Peristomfeld des rechten Individuums und hängt anfangs nur durch einen schmalen Streifen der Körpersubstanz mit demselben zusammen (Taf. XXVIII, Fig. 13), bald wird derselbe aber breiter, die adorale Wimperreihe des rechten Thieres wird bis auf die am Vorderrande stehenden Borsten resorbirt, ebenso die drei griffelartigen und die drei borstenförmigen Stirn-Wimpern, sowie die am Vorderrand stehenden adoralen Wimpern des linken Individuums. Bald sind die beiden Thiere bis zu ihrer Mitte mit einander verschmolzen, so dass sie nun einen gemeinsamen Vorderkörper, aber zwei getrennte Hinterkörper besitzen. Allmählich vereinigen sich auch diese, man erkennt später nur noch einen kleinen Einschnitt am Hinterrand (Taf. XXVIII, Fig. 14) und ist dieser verschwunden, gleicht das nun entstandene Thier fast vollständig einer gewöhnlichen Styl. pustulata; gewöhnlich ist es jedoch etwas breiter. Die vier Kerne verschmelzen zu zweien. Die Veränderungen, welche die Bauchwimpern während der vollständigen Verschmelzung erleiden, werden wir bei Styl. bistrio kennen lernen. Die Dauer des ganzen Processes beträgt von Anfang bis zu Ende meist zwölf bis vierzehn Stunden; ich verfolgte mehrere aus einer solchen Vereinigung entstandene Thiere noch lange weiter und beobachtete stets, dass sich dieselben nach etwa 6—10 Stunden einfach querzutheilen begannen. Auch die aus dieser Theilung hervorgegangenen Individuen verhielten sich ganz wie die gewöhnlichen Exemplare der Stylon. pustulata. Von Erscheinungen, die mit einer geschlechtlichen Fortpflanzung in Verbindung ständen, beobachtete ich nichts. —

Die zweite Art der Conjugation wurde von *Stein* bei Styl. pustulata und histrio entdeckt, bei letzterem Thiere namentlich genau beschrieben und abgebildet [1]). Ich kenne sie bis jetzt nur bei Styl. pustulata und habe sie häufig ziemlich von Anfang direct verfolgt. Nicht selten trifft man nämlich Conjugationszustände, bei denen zwei Individuen nur

1) a. a. O., pag. 167 und 168 mit Taf. IX, Fig. 20—22.

mit dem Vorderkörper verwachsen sind, und auf deren Bauchfelde sich ein neues Wimpersystem zu bilden beginnt (Taf. XXVIII, Fig. 15). Dasselbe dehnt sich mehr und mehr aus, die adorale Wimperreihe streckt sich besonders nach vorn zu, während die alten adoralen und Stirn-Wimpern sowie der innere Peristomrand nach und nach von hinten anfangend resorbirt werden (Taf. XXVIII, Fig. 16). Zugleich schneidet die Theilungsfurche immer tiefer nach vorn zu ein, und das Hinterende des Körpers mit den alten Endwinpern setzt sich deutlich ab und nimmt eine immer durchsichtigere Beschaffenheit an. Endlich trennen sich die Thiere (Taf. XXVIII, Fig. 17 u. 18), so dass das rechts liegende Individuum noch den Rest des alten Vorderkörpers mit den drei grössten alten Stirnwimpern und dem am Vorderrand sitzenden Stück der adoralen Wimperreihe erhält. In Zeit von etwa 15 Minuten sind dann auch diese Ueberbleibsel resorbirt und nur das alte Hinterende erhält sich etwa noch eine Stunde. — Die Nucleus erleiden während des ganzen Processes mannichfache Veränderungen, die genau zu ermitteln mir leider nicht gelungen ist. Meist fand ich an ihrer Stelle mehrere kugelförmige Körper von der Substanz des Kerns. Die aus der Conjugation hervorgehenden Zustände entsprechen ganz den oben bei Euplotes charon erwähnten; sie besitzen weder Mund noch inneren Peristomrand und aus ihnen gehen wie bei Euplotes jene eigenthümlichen Formen mit einem grossen centralen durchscheinenden Körper hervor, die stets Begleiter der Conjugationszustände von Styl. pustulata sind. Ich verfolgte mehrmals den ganzen Conjugationsprocess von Anfang bis zu Ende, so z. B. an einem conjugirten Paare, das am 26. Sept. d. J. früh 10 Uhr 30 Min. isolirt wurde. Es zeigte bis Abend 7 Uhr 50 Min. noch keine Spur eines neuen Wimpersystems, hatte sich aber bis zum andern Morgen 9 Uhr in zwei Thiere getheilt, die einen grösseren, ovalen hellen Körper und mehrere zerstreut liegende nicht scharf begrenzte kuglige Gebilde von geringerer Grösse enthielten. Bis Abends 11 Uhr hatte der grössere Körper an Umfang und Durchsichtigkeit zugenommen; ebenso am 28. September früh 7 Uhr. Gegen 11 Uhr gingen beide Thiere zu Grunde und es hob sich nun der scharf umschriebene gewölbte centrale Körper deutlich hervor, während die kleineren kugligen Gebilde nichts Bestimmtes erkennen liessen. Diese eben erwähnten sonderbaren Formen, die *Stein*[1]) zuerst entdeckte und beschrieb, sind gewöhnlich ganz mit kleinen Fettkörnchen angefüllt, zwischen denen zuweilen ausser dem grösseren hellen Körper noch einige kleinere kuglige Gebilde von ebenfalls durchscheinender Substanz sichtbar sind. — Mehrmals verfolgte ich diese Zustände bis zwölf Stunden lang ohne Veränderungen an ihnen zu bemerken; endlich jedoch gelang es mir ein zuvor isolirtes Exemplar (Taf. XXVIII, Fig. 19) zu verfolgen, bis es einer gewöhnlichen Styl. pu-

1) Organismus der Infusionsthiere. 1. Abtheil., pag. 163 und 164, mit Taf. IX, Fig. 11—13.

stulata glich. Ich isolirte am 22. Aug. Nachmittag 4 Uhr das in Fig. 19 auf Taf. XXVIII abgebildete Individuum; Abends 6 Uhr 25 Min. hatte sich der centrale helle Körper in zwei wie es schien ungleiche Hälften getheilt, die adorale Wimperreihe war noch abgekürzt und der innere Peristomrand fehlte (Taf. XXVIII, Fig. 20); an demselben Abend 10 Uhr 30 Min. hatte das isolirte Thier schon ziemlich die Form einer gewöhnlichen Stylonychia angenommen, zwei längliche Kerne schienen da zu sein, deren Umrisse sich jedoch nicht scharf bestimmen liessen, auch hatte sich jetzt die adorale Wimperreihe weiter nach hinten zu fortgesetzt und der Innenrand des Peristoms begann sich deutlich auszubilden. Am andern Morgen früh 7 Uhr glich das Thier vollständig einer gewöhnlichen Stylonychia pustulata. Die Kerne waren scharf umschrieben und neben jedem der Nucleolus deutlich zu erkennen. Nachmittags 4 Uhr hatte sich das Thier in zwei ganz gleiche, gewöhnliche Individuen getheilt, die sich bis zum andern Nachmittag, den 24. August, nicht veränderten. Dann begann sich das eine der beiden Thiere zu theilen, so dass nach einer Stunde ein grösseres und zwei kleinere Exemplare im Tropfen waren; bis Abends 8 Uhr war nichts anders geworden und ich verfolgte die Thiere nun nicht weiter. — Noch sei hier ein eigenthümlicher Zustand der Styl. pustulata erwähnt, den ich bisher nur zwei Mal angetroffen habe; zwei Thiere hingen dergestalt mit einander zusammen (Taf. XXVIII, Fig. 21), dass der hintere Körpertheil des einen mit der Mitte des rechten Körperrandes des anderen verwachsen war, die Längsaxen beider Thiere schnitten sich unter einem ziemlich spitzen Winkel, und die vier Nucleus hatten sich zu einem langen Strang vereinigt, der beide Individuen durchzog. — Die zuerst von *Stein*[1]) beschriebenen und abgebildeten Zustände der Styl. pustulata, deren Bedeutung unklar blieb, stellen Individuen dar, die im Begriff sind sich zu encystiren. Ich habe sie mehrmals bis zur Vollendung der Cyste verfolgt. Zuerst (Taf. XXIX, Fig. 1) verschwindet die adorale Wimperreihe bis auf die am Vorderrand stehenden Wimpern, Bauch- und Endwimpern gehen nach und nach zu Grunde, das ganze Thier nimmt eine mehr drehrunde Gestalt an, wird kürzer und kürzer (Taf. XXIX, Fig. 2 u. 3), bis es zuletzt einer Kugel gleicht, an deren Rande noch die ehemaligen Randwimpern auf- und abschlagen; bald sind sie jedoch resorbirt und man sieht wie sich rings um den Körper eine feine Hülle absondert, die immer fester wird und eine vielfach gezackte Gestalt annimmt. Dies sind die Cysten, die *Stein* und neuerdings auch *Balbiani* beschrieben und abgebildet haben. Bevor sich die Thiere encystiren, schaffen sie alle grösseren Nahrungsstoffe, die sie vorher aufgenommen haben, durch den After nach aussen, der übrigens nicht nur bei den Oxytrichinen, sondern wahrscheinlich auch bei allen hypotrichen Infusorien nicht wie bisher allgemein angegeben wird auf der Bauchseite, sondern constant auf der Rückseite, links unweit des hinteren Körperendes liegt. Bei Onychodromus liegt er am

1) A. a. O. pag. 163 u. Taf. IX, Fig. 7.

Fuss des hinteren der bei diesem Thier von *Stein* entdeckten wulstigen Höcker, die wol weiter nichts sind als Auftreibungen der Körperwandung, in denen sich die Nahrungsstoffe sammeln; bei sehr vielen Exemplaren sind sie übrigens gar nicht vorhanden.

Die Conjugationszustände von Stylonychia histrio sind von *Stein* entdeckt, dem wir überhaupt erst die genauere Kenntniss dieses Thieres verdanken. Es kommen wie bei Styl. pustulata zwei verschiedene Arten von Conjugation vor; ich kenne nur die erste aus eigener Anschauung; die zweite geht, nach *Steins* Beobachtungen, nach denselben Gesetzen vor sich, wie bei Styl. pustulata. Besonders in einem Falle verfolgte ich jenen ersteren Conjugationsprocess, der eine vollständige Verschmelzung zweier Individuen zum Ziele hat, am anhaltendsten durch alle Stadien hindurch. Zuerst klammerte sich das eine der beiden Thiere mittelst seiner adoralen Wimpern in der oben bei Styl. pustulata beschriebenen Weise fest an das andere an (Taf. XXIX, Fig. 4). Nach 15 Minuten war schon das Stirnfeld des linken mit dem Peristomfeld des rechten Exemplars durch einen breiten Streifen der Körpersubstanz verbunden; eine halbe Stunde später waren die Thiere mit dem ganzen vorderen Körperdrittel verschmolzen, die adorale Wimperreihe des rechten Individuums war bis auf die am Vorderrand stehenden Wimpern resorbirt, ebenso der vordere Theil des adoralen Wimperbogens des linken Thieres; zugleich rückte das rechte weiter nach vorn zu; in diesem Zustande isolirte ich das conjugirte Paar, das, für einen Augenblick durch Entziehung zu vielen Wassers etwas beängstigt, Bestrebungen machte sich gewaltsam wieder zu trennen. Vielleicht wurden durch diesen störenden Zufall einige wie mir schien abnorme Erscheinungen herbeigeführt, die später eintraten. Zwei Stunden nach Isolirung der Thiere waren dieselben noch inniger miteinander verschmolzen und der vordere Theil der adoralen Wimperreihe des rechten Individuums hatte sich mit dem hinteren Theil derjenigen des linken zu einem beinahe ununterbrochenen Wimperbogen vereinigt, auch waren die zwei vorderen Nucleus zu einem kugelartigen Körper verschmolzen, während die beiden anderen noch unverändert zu sein schienen. Nach ferneren drei Stunden war die Vereinigung mit Ausnahme der beiden hinteren Körpertheile vollendet (Taf. XXIX, Fig. 5), es hatte sich auf der rechten Hälfte ein ganz neues Wimpersystem gebildet, während von den alten Wimpern nur noch jederseits drei der dicken Afterwimpern standen. Auch war eine neue adorale Wimperreihe und ein neuer Innenrand des Peristoms entstanden, dessen undulirende Membran lebhaft hin- und herwogte, und die Kerne hatten sich zu einem dicken etwas gebogenen Strang vereinigt. Eine halbe Stunde später waren die beiden alten Hinterenden mit den ehemaligen Endwimpern bis auf zwei kleine Restchen eingeschrumpft, der langgestreckte Kern lag in der Längsaxe des Thiers und bald glich dasselbe einer gewöhnlichen Styl. histrio vollkommen (Taf. XXIX, Fig. 6). Am nächsten Tag,

11 Uhr 25 Min. früh, hatte sich die ganze Körperform des Thieres verändert; sein rechter Rand war bedeutend convex, sein linker etwas concav geworden und ein vollständig neues Wimpersystem begann sich auf der Bauchseite zu bilden. Zugleich schnürte sich das Hinterende mit den alten fünf Endgriffeln und einigen andern alten Bauchwimpern mehr und mehr ab, und nahm eine schräge Stellung zu der neuen Längsaxe des Thieres an. 12 Uhr 30 Min. an demselben Tag war das alte Wimpersystem schon fast ganz verdrängt, und am Nachmittag 2 Uhr 30 Min. glich das Thier wieder einer gewöhnlichen Styl. histrio. Diese letzteren Veränderungen, die nochmalige Bildung eines ganz neuen Wimpersystems betreffend, sind wahrscheinlich nur zufällige gewesen, veranlasst durch die oben erwähnte leise Beschädigung des Thieres. Bis Abends 8 Uhr zeigte das Thier nun keine weiteren Veränderungen, gegen 10 Uhr aber begann es sich auf die gewöhnliche Weise zu theilen und war kurz vor Mitternacht in zwei ziemlich gleiche Exemplare zerfallen, die sich durch nichts von einer gewöhnlichen Styl. histrio unterschieden. Am nächsten Morgen waren beide Individuen zu Grunde gegangen.

Dies ist die erste Art der Conjugation, die wir schon oben bei Styl. pustulata kennen gelernt haben; sie erfolgt bei beiden Species jedenfalls nach ein und demselben Gesetze. Die andere Conjugation der Styl. histrio hat *Stein* ausführlicher beschrieben. Sie geht wie bei Styl. pustulata vor sich. Mir sind nur in wenigen Exemplaren die aus jenem Process hervorgehenden Formen mit einem grossem, ovalen durchsichtigen Kerne zu Gesicht gekommen, den ganzen Vorgang aber konnte ich bisher noch nicht verfolgen.

In Gesellschaft der in Conjugation begriffenen Individuen von Stylonychia histrio zeigte sich einmal ein Thier (Taf. XXIX, Fig. 7) derselben Art, das sogleich durch drei grosse helle scheibenförmige Körper auffiel, die an Stelle der Kerne in seinem Innern lagen. Ich isolirte dasselbe am 27. August Nachmittags 4 Uhr 10 Min. Es glich seiner ganzen Organisation nach einer gewöhnlichen Styl. histrio und unterschied sich von einer solchen eben nur durch jene drei hellen scheibenförmigen Körper, von denen ein jeder einen centralen grobkörnigen rundlichen Kern besass. Bei weiterer Beobachtung des Thieres zeigte es sich, dass zuerst um 5 Uhr 25 Minuten die beiden vorderen Körper langsam mit einander zu verschmelzen begannen, so dass um 8 Uhr 45 Minuten Abends ein grösserer vorderer und ein kleinerer hinterer scheibenförmiger Körper vorhanden war. Zwanzig Minuten später vereinigten sich auch diese beiden und gegen halb zehn Uhr enthielt das isolirte Thier nur einen grossen kugelförmigen Körper mit einem centralen grobkörnigen Kern im Innern. Leider war dasselbe am andern Morgen zu Grunde gegangen, so dass ich seine weitere Entwickelung nicht verfolgen konnte. Möglicherweise steht diese eben beschriebene Form mit der Conjugation in Verbindung, denn sie war wie die aus derselben hervorgehenden Individuen ziemlich gleichmässig mit kleinen Fettkörnern angefüllt, zwischen denen nur wenig grössere Körner lagen, und besass ausserdem keine Spur der gewöhnlichen Kerne.

Wie bei den beiden erwähnten Arten der Gattung Stylonychia, so hat auch bei der schönen Stylonychia mytilus *Stein*[1]) die Conjugationszustände zuerst beschrieben und abgebildet[2]). Ich habe nur die allerersten und die letzten Stadien der Conjugation dieses Thieres zu Gesicht bekommen. Im ersteren Falle hatte ein Individuum das andere auf der rechten Seite mittelst seiner adoralen Wimperreihe gepackt und das Stirnfeld des linken Thieres war mit dem Peristomfeld des rechten Exemplares schon durch einen Streifen der Körpersubstanz verbunden. Im anderen Falle waren beide Individuen bis fast zum äussersten Hinterende mit einander verschmolzen. Jedenfalls kommt auch bei Styl. mytilus eine doppelte Art der Conjugation vor: einmal die totale Verschmelzung zweier vorher getrennt gewesenen Individuen zu einem einzigen Exemplar; dann derjenige Conjugationsprocess, aus dem zwei ganz neue mit einem neuen Wimpersystem versehene Individuen hervorgehen. Die Existenz des letzteren Vorgangs schliesse ich, wie ich glaube ganz sicher daraus, dass in Gesellschaft der in Conjugation befindlichen Thiere von Styl. mytilus auch solche Individuen derselben Art vorkommen, bei denen die adorale Wimperreihe bedeutend abgekürzt, der innere Peristomrand eingegangen und statt der beiden Nucleus ein grosser ovaler durchsichtiger Körper vorhanden war. Diese Formen, die sich auch durch ihren mit kleinen Fettkörnchen erfüllten Körperinhalt auszeichnen, gehen aber, wie wir oben bei Euplotes charon und Styl. pustulata sahen, direct aus jenem zweiten eigenthümlichen Conjugationsprocess hervor. Ein Exemplar, das jene Eigenschaften besass, isolirte ich am 23. August früh 11 Uhr und bereits am Nachmittag 4 Uhr hatte sich der ovale durchscheinende Körper in zwei wie es schien nicht ganz gleiche Hälften getheilt. Bald darauf ging das Thier durch einen unglücklichen Zufall zu Grunde. Jedenfalls war es im Begriff sich wieder zu einer gewöhnlichen Stylonychia mytilus umzuwandeln, wie dies oben bei Styl. pustulata und Euplotes charon direct verfolgt wurde.

Von hohem Interesse ist die von *Stein* bei Styl. mytilus entdeckte Embryonalbildung, die auch ich wiederholt zu beobachten Gelegenheit gehabt habe. Zuerst fand ich im October 1859 einzelne Exemplare mit Embryonalkugeln, ohne jedoch deren weitere Entwickelung verfolgen zu können. Dann kamen mir wieder im August und September 1861 Thiere mit Embryonalkugeln zu Gesicht. Es waren Individuen von mittlerer Grösse, die meistens nur je eine grössere Embryonalkugel enthielten. Dieselbe lag zwischen den beiden Kernen dicht hinter dem Mundwinkel

1) Organism. d. Infusionsthiere. 1. Abtheil., pag. 155—156, mit Taf. VII, Fig. 5 u. 6.

2) Neuerlich bildet auch *Balbiani* die ersten Stadien des Conjugationsprocesses von Styl. mytilus ab. A. a. O. pl. VIII, Fig. 1 – 3.

und über ihr zeigte sich auf der Bauchseite constant eine verschieden grosse, elliptische, rundliche, oder nach einem Ende zugespitzte Oeffnung in der Körperwandung, die Geburtsöffnung. Nur ein einziges Mal fand ich ausser dem Spalt auf der Bauchseite noch eine gerade über demselben gelegene dorsale Oeffnung von länglichrunder Form und ziemlicher Grösse. Das Exemplar, das diese zwei Geburtsöffnungen besass, wurde am 26. August Mittags 12 Uhr 20 Min. isolirt, als es nur eine grössere Embryonalkugel enthielt und auch nur erst die Geburtsöffnung an der Bauchseite vorhanden war. Am Abend 9 Uhr 25 Min. begann sich die Embryonalkugel zu theilen und am nächsten Morgen 7 Uhr zeigten sich im Innern drei Embryonalkugeln und durch die inzwischen gebildete dorsale Geburtsöffnung trat ein mit geknopften kurzen Tentakeln versehener bewimperter Embryo heraus. Bis 11 Uhr früh waren noch vier Embryonen ausgeschwärmt und die letzte Embryonalkugel hatte sich eben in einen Embryo verwandelt, der in einer unregelmässigen scharf begrenzten Höhle des Parenchyms umhertaumelte. An demselben Tag fand ich noch andere Exemplare, die eine grössere Zahl (bis 15) Embryonalkugeln enthielten, von denen sich oft Embryonen abschnürten. Die Embryonalkugeln eines dieser Thiere fielen, als dasselbe zufällig im Wasser auseinanderging, auf den Boden des Glasplättchens und verwandelten sich theils direct in Embryonen, theils theilten sie sich in zwei Segmente, deren eines fortschwamm. Wieder bei andern traten nur geknopfte Tentakeln an der Oberfläche hervor und sie glichen nun vollständig einer kleinen stiellosen Acinete[1]). Die weitere Entwickelung dieser

1) *Balbiani* hält nach neueren Beobachtungen diese acinetenartigen Embryonen, welche man bei Paramecium bursaria und aurelia, Nassula elegans, Stylonychia mytilus und Urostyla grandis gefunden hat, nicht für die Embryonen dieser Thiere, sondern für von aussen eingedrungene parasitische Acineten (Sphaerophrya *Clapar.*). Gegen diese Ansicht erheben sich aber die gerechtesten Bedenken. Denn auch abgesehen von *Balbianis* eigenen Beobachtungen, der ja die acinetenartigen Embryonen von Paramecium bursaria direct bis zu ihrer Rückbildung in ein dem Mutterthiere (Paramecium) gleiches Wesen verfolgte und diese Verwandlung beschrieb (*Brown-Séquard*, Journ. de Physiologie, tome I. 1858), existiren Thatsachen, welche mit der Annahme der parasitischen Natur der erwähnten acinetenartigen Wesen unvereinbar scheinen. Es ist erstens eine höchst auffällige Erscheinung, dass z. B. bei Stylonychia mytilus die Geburtsöffnung (nach *Balbiani* die Stelle, an der sich der Parasit in seinen Wirth einbohrt) constant an derselben Stelle, nahe an der Mitte des linken Körperrandes gelegen ist, an einer Stelle, die sich noch dazu durch bedeutende Festigkeit ihrer Wandung auszeichnet. *Balbiani* bildet zwar ein Exemplar der Stylonychia mytilus ab, welches drei das Parenchym nach dem Rücken zu durchsetzende Canäle anstatt der einen centralen Oeffnung besitzt (a. a. O. pl. VIII, Fig. 18); mir ist jedoch bei einer Untersuchung von über hundert mit Embryonalkugeln versehenen Thieren der Stylonychia mytilus nie ein solcher Fall vorgekommen; auch *Stein* fand bei Stylon. mytilus immer nur die eine stets gleich gelegene Oeffnung. Soll man nun annehmen, dass der vermeintliche Parasit bei Stylonychia mytilus immer an einer und derselben Stelle eindringt, während er doch z. B. bei Paramecium au-

Embryonen gelang auch mir nicht zu verfolgen; jedenfalls aber ist es im höchsten Grade unwahrscheinlich, dass sich dieselben direct wieder

relia und Urostyla grandis, die mehrere Geburtsöffnungen besitzen, an verschiedenen Orten eindringen soll?

Ferner muss es nicht minder Wunder nehmen, dass die vermeintlichen Parasiten sich nur bei einzelnen Arten einbohren und andere oft ganz nahe verwandte Formen nicht belästigen. So hat man z. B. noch nie Exemplare der Stylonychia histrio getroffen, in welche sich die angeblichen parasitischen Acineten eingefressen hatten. Es durfte auch sehr zweifelhaft sein, ob Wesen wie die Embryonen der Stylonychia oder der Paramecien überhaupt im Stande sind, sich in ihre Wirthe einzubohren. Die Organisationsverhältnisse beider sprechen dagegen. Die zu durchbohrende Schicht ist namentlich bei Stylonychia mytilus äusserst fest und resistent und bei den Paramecien sogar dicht mit stabförmigen Körperchen durchsetzt, die es den kurzen und schwachen Tentakeln der kleinen Acineten unmöglich machen durften, weite Canäle hindurchzubohren, durch welche der Parasit in das Innere seines Wirthes dringen konnte. Es sprechen auch viele Beobachtungen dagegen, von denen nur einige erwähnt werden sollen. Ich beobachtete z. B. wiederholt, wie sich eine ganz kleine, den erwähnten Embryonen äusserst ähnliche stiellose Acinete auf dem Peristomfelde von Stylonychia mytilus anheftete und diesem Thiere nach und nach so viel von seinem Leibesinhalt entzog, dass dasselbe kugelig zusammenschrumpfte, allmählich seine Bewegungen einstellte und endlich als ein unförmlicher Klumpen todt liegen blieb. Ferner beobachtete ich, wie sich ein Embryo der Stylonychia mytilus an einer Stylonychia pustulata festsog und mehrere Stunden lang sitzen blieb, ohne sich jedoch einzubohren. Auch hier war deutlich zu bemerken, dass der Embryo mittelst seiner Tentakeln der Stylonychia Substanz entzog und sich mit feinen Körnchen fullte. Das Gleiche zeigte sich an drei Exemplaren der Nassula aurea. Ich isolirte dieselben mit den an ihnen fixirten kleinen Acineten am 21. Aug. 1861, Mittags 12 Uhr, und beobachtete sie acht Stunden lang. Die vorher ganz farblosen Acineten, die ebenfalls der Sphaerophrya glichen, entzogen nach und nach den Nassula einen ansehnlichen Theil ihres orangefarbigen Inhaltes, aber ebenfalls ohne sich in diese Thiere einzubohren. Zuletzt traten an ihrer Oberfläche Wimpern auf, die Tentakeln verkürzten sich und die nun bedeutend grösser gewordenen Acineten schwammen fort. Auch einen an Paramecium aurelia fixirten Embryo dieses Thieres verfolgte ich einige Stunden lang ohne ihn sich einbohren zu sehen. Er schwamm schliesslich ebenfalls fort. — Auffallend ist ferner die stets gleiche Beschaffenheit der Embryonalkugeln. Ihre helle, homogene, körnerlose Grundsubstanz gleicht vollkommen der der Embryonalkugeln der Vorticellinen, deren nichtparasitische Natur feststeht, während auch die kleinsten Acineten ein von Körnern und aufgesogenen Nahrungsstoffen getrubtes Parenchym zeigen, wie z. B. kleine Exemplare der Acineta infusionum oder stiellose Individuen der Podophrya fixa, welche oft die Embryonen von Stylonychia mytilus kaum an Grösse übertreffen und meist kleiner sind als die Embryonen von Paramecium aurelia. Endlich scheint mir aber gegen die parasitische Natur jener acinetenartigen Wesen auch der Umstand zu sprechen, dass gleichzeitig mit dem Vorkommen derselben die Geschlechtsorgane ihrer Mutterthiere (oder der vermeintlichen Wirthe) in der Production von Keimkugeln begriffen sind. Wenigstens ist diess nach meinen Beobachtungen stets bei dem bei weitem grössten Theile der Embryonalkugeln enthaltenden Thiere von Stylonychia mytilus der Fall. Man wird nur wenig Mutterthiere finden, deren Generationsorgane keine merklichen Veränderungen zeigen. Zu dem Allen könnte man nun noch die interessante, von *Stein* zuerst erwähnte Thatsache fugen, dass die acinetenartigen Embryonen stets gleichzeitig in vielen, ja fast in allen in derselben Flussigkeit befindlichen Exemplaren derin die ursprüngliche Form der Styl. mytilus verwandeln. Die kleinsten Exemplare dieses Thieres übertreffen die grössten Embryonen immer noch an Länge mindestens um das Zehnfache. Weit mehr scheint die Annahme *Stein's*, dass hier ein Generationswechsel eintritt, für sich zu haben.

Ueber die Entwickelung der Embryonalkugeln von Styl. mytilus haben wir auch erst von *Stein* die ersten Aufschlüsse erhalten. Derselbe beobachtete Exemplare mit Embryonalkugeln, deren beide Kerne eine langgestreckte, meist mehrfach gekrümmte Gestalt angenommen hatten und im Innern wieder einzelne kleine kernartige Gebilde und einzelne homogene Kugeln mit Kern enthielten. Ausserdem wurden nur Embryonalkugeln enthaltende Individuen gefunden, die die zwei gewöhnlichen Nucleus und nur selten neben diesen noch die gewöhnlichen Nucleolus besassen. Mir sind noch mancherlei andere Zustände zu Gesicht gekommen, als ich in den letzten Tagen des vergangenen Septembers wieder Gelegenheit hatte, die embryonale Fortpflanzung von Styl. mytilus zu beobachten.

Unter den vielen Embryonalkugeln enthaltenden Exemplaren zeigten nur wenige die zwei normalen Kerne, ausser denen entweder kein Nucleolus, oder ein einziger oder zwei zu finden waren. Bei weitem die Mehrzahl der Individuen (vergl. Taf. XXIX, Fig. 8, 9 u. 11) enthielten anstatt der beiden Kerne drei oder vier, selten sechs meist ovale oder runde Körper von der Substanz des Nucleus. Ausser denselben lagen gewöhnlich noch im Körperparenchym, jedoch nicht immer in der Nähe der Kerne, zwei bis vier Nucleolus, gewöhnlich zwei oder drei. Dieselben waren meist grösser als die Nucleolus der einfachen Individuen von Styl. mytilus, zeigten aber genau deren optisches Verhalten. In einzelnen Fällen, wo ebenfalls drei oder vier kernartige Körper vorhanden waren, vermochte ich keinen Nucleolus aufzufinden.

Was nun jene grösseren kugligen oder ovalen Gebilde betrifft, so ist es wahrscheinlich, dass zwei derselben, die sich auch oft schon durch ihre gestrecktere Gestalt auszeichnen, als Nucleus fortbestehen, während die übrigen als Keimkugeln zu betrachten sind. Diese letzteren scheinen nicht immer auf gleiche Weise zu entstehen. In dem einem Falle sieht man nämlich, wie sich der ganze homogene Kern an einer oder mehreren Stellen tief einschnürt und in mehrere Theile zerfällt, von denen zwei gewöhnlich die Form des alten Nucleus behalten. Die anderen Theile, die wahrscheinlich immer mehr Kugelform annehmen, sind durchaus homogen und zeigen noch keine Spur eines centralen Kernes. In dem anderen Falle, den *Stein* ausführlich beschreibt und abbildet, treten in der Substanz

selben Art auftreten, wie dasselbe ja auch von der Conjugation gilt. Es dürfte somit nach Erwägung aller dieser Thatsachen die parasitische Natur jener acinetenartigen Gebilde zum mindesten zweifelhaft erscheinen, die zeitherige Ansicht aber, welche jene Wesen für Embryonen erklärt, ihre Richtigkeit behalten des verlängerten und zuweilen verästelten und an einem Ende angeschwollenen Nucleus einzelne kleine kernartige Gebilde auf. Nach meinen Beobachtungen scheint es nun als schnüre sich ein solches angeschwollenes Stück das Nucleus, das einen kleinen centralen Kern enthält, direct vom mütterlichen Nucleus ab (vergl. Taf. XXIX, Fig. 10), denn ich konnte nie beobachten, dass eine Keimkugel noch in einer besonderen Höhlung des Nucleus lag, und fand zuweilen auch Exemplare, neben deren beiden Kernen je eine Keimkugel mit centralem Kern lag; dieselbe hatte sich jedenfalls kurz zuvor vom mütterlichen Kern getrennt und war im Begriff sich zur Embryonalkugel umzubilden (Taf. XXIX, Fig. 12). Auch jene kugligen Körper, die sich von den Keimkugeln nur durch den Mangel eines centralen Kernes unterscheiden, und die wie es scheint nur aus einer ein- oder mehrfachen Theilung des ursprünglichen Nucleus hervorgehen, bilden sich jedenfalls später zu Keim- und Embryonalkugeln um. Diese letzteren vermehren sich unablässig durch Theilung und verwandeln sich zuletzt alle in Embryonen. Einmal schnürten sich von einer Embryonalkugel gleichzeitig zwei Segmente ab, was jedoch nur ganz ausnahmsweise vorzukommen scheint.

Einer auffallenden Erscheinung sei noch gedacht, die sich mir bei sehr vielen namentlich auch den Embryonalkugeln enthaltenden Individuen der Styl. mytilus darbot: sie enthielten nämlich ausser den meist nur in geringerer Zahl vorhandenen Embryonalkugeln, noch mehrere (oft bis vier) Exemplare der hübschen Cysten[1]) von Podophrya fixa, die von *Weisse* als Orcula beschrieben worden sind.

In neuester Zeit begegneten mir auch einzelne Exemplare der Styl. mytilus, die anstatt der beiden Kerne zwei grosse helle kuglige Körper enthielten. Bei einem dieser Thiere zeigte sich in jenen Kugeln ein unregelmässig begränzter Kern, von dem aus zarte, starre Stränge, ähnlich den beweglichen Fortsätzen gewisser Amöben oder anderen Rhizopoden, sich nach der Peripherie des kugligen Körpers zogen. Drei Stunden später hatten diese Kerne ein ganz traubiges Ansehen bekommen, waren in viele kleine scharfbegränzte Körperchen von rundlicher Form zerfallen und

1) Die Abbildungen, welche bis jetzt von den Podophrya-Cysten existiren, passen nicht ganz auf die von mir beobachteten Exemplare; es dürfte daher nicht ungerechtfertigt erscheinen, wenn ich noch eine Abbildung derselben beigebe (Taf. XXIX, Fig. 13). Die Cysten waren alle mit Ausnahme der Grösse, vollkommen gleich: der kugelrunde, nur nach vorn etwas verschmälerte Körper war von einer Cyste umgeben, die constant fünf ringförmige, von oben gesehen Tellerrändern gleichende Erhebungen besass. Dieselben zogen sich parallel in horizontaler Richtung um das Thier und die fünfte und oberste von ihnen, die eigentlich nur eine kleine scharfe kreisförmige Erhebung innerhalb des weiteren vierten Ringes war, umschloss eine rundliche Oeffnung, aus der zuweilen noch ein kleiner mit zahlreichen Tentakeln besetzter Theil des Acinetenkörpers herausragte. Der unterste Ring verlängert sich nach unten zu einem etwas gebogenen meist kurzen Stiel, der ganz hohl ist und eine eigenthümliche schräge Streifung zeigt.

hingen nur noch durch wenige feine Fasern mit der Peripherie der Kugeln zusammen. Sieben Stunden später ging das Thier aus Mangel an geeignetem Wasser zu Grunde; doch vermochte ich nichts mehr von jenen grossen Gebilden zu finden. — Die wenigen Exemplare, welche jene sonderbaren Erscheinungen zeigten, waren etwas verstümmelt. Sie entsprechen vielleicht den oben bei Stylonychia histrio erwähnten Formen, die auch anstatt der beiden Kerne drei grosse kuglige, mit grobkörnigem Kern versehene Körper enthielten. —

So weit meine Beobachtungen über die Entwickelung und Fortpflanzung der Stylonychien. Wie bei diesen, so fand ich nun noch bei einigen anderen Oxytrichinen Conjugationszustände auf, namentlich bei der erst von *Stein*[1]) genau bestimmten Pleurotricha lanceolata. Auch bei diesem interessanten Thier sah ich die ersten Conjugationszustände (vgl. Taf. XXX, Fig. 1), in denen das eine Thier eben das andere gepackt hatte und die Vorderkörper beider auf der Bauchseite durch einen schmalen Streifen der Körpersubstanz verschmolzen waren. Wie bei den Stylonychien, so wird auch hier der Zusammenhang immer inniger, die beiden Thiere verschmelzen nach und nach bis zur Mitte ihrer Körper, die adoralen Wimperreihen beider werden theilsweis resorbirt und bald hat man ein Thier vor sich, das einen einzigen Vorder-, aber zwei Hinterkörper besitzt. Die weitere Entwickelung dieser Zustände konnte ich bisher noch nicht verfolgen, doch kommt auch bei Pleurotr. lanceolata jedenfalls diejenige Art der Conjugation vor, aus der zwei mit vollständig neuen Wimpern ausgerüstete Individuen hervorgehen, denn ich traf zuweilen jene sonderbaren Formen (Taf. XXX, Fig. 2) bei Pleurotricha an, die sich durch den Besitz eines grossen centralen, durchsichtigen Körpers auszeichnen. Auch diesen fehlte wie bei den Stylonychien und Euploten der innere Peristomrand und ein Theil der adoralen Wimperzone, und das ganze Parenchym war gleichmässig mit stark lichtbrechenden kleinen Fettkörnchen angefüllt, die dem Thier ein dunkles Ansehen geben. In Bezug auf die Veränderungen des Nucleus und Nucleolus sei nur bemerkt, dass in dem ersten Stadium in jedem Thier die zwei gewöhnlichen Kerne und die zwei Nucleolus vorhanden waren. Einmal fand ich hier, dass in den Kernen des rechten Individuums zahlreiche kleine kernartige Gebilde eingebettet waren und dass auch nur ein einziger, aber sehr grosser Nucleolus vorhanden war. Bei diesem einen Individuum waren auch die Kerne von viel weicherer Beschaffenheit als bei den gewöhnlichen Exemplaren. — In dem zweiten Stadium (Taf. XXX, Fig. 1), wo die zwei Thiere schon ziemlich eng miteinander verschmolzen sind, fanden sich auch noch die zwei gewöhnlichen homogenen Kerne; die Nucleolus aber, von denen jedes Individuum zwei besass, waren ziemlich viel grösser geworden. — In einem dritten

1) Organismus der Infusionsthiere, pag. 170—171, Taf. X, 2—4.

Stadium endlich besass das rechte Thier noch die zwei gewöhnlichen Kerne, während sich der vordere Kern des linken Individuums bisquitförmig verlängert hatte; hier waren nun auch an Stelle von je zwei Nucleolus, je drei vorhanden, die durchaus keine Structur erkennen liessen.

Pleurotricha lanceolata wird auch zuweilen angetroffen, wenn sie im Begriff ist, sich zu encystiren. Das Thier hat sich kugelförmig zusammengezogen, am Rande schlagen noch die alten Randwimpern auf und ab und das Thier dreht sich fortwährend im Kreise herum; bald werden aber auch diese letzten Wimpern resorbirt, das nunmehr stillliegende Thier scheidet eine Cyste aus, die eine spitz gezackte, sternförmige Gestalt annimmt und sich von den Cysten der Stylonychia pustulata meist nur durch ihre viel bedeutendere Grösse auszeichnet (Taf. XXX, Fig. 3). — Bei Pleurotricha lanceolata treten häufig besonders in dem hinteren Drittel und in den beiden Seiten des Körpers jene blasenartigen Hohlräume auf, in deren Centrum ein grösseres oder kleineres Korn schwimmt; sie liegen oft in ganz regelmässige Reihen geordnet und machen den Eindruck als ob sie besondere Organe wären; es scheint jedoch *Stein's* Erklärung, dass es nur in der Auflösung begriffene Fettkörner sind, die einzig richtige und natürliche zu sein. Gewöhnlich bewegen sich die Körnchen im Innern des Hohlraumes zitternd umher.

Unter den Oxytrichinen kamen mir ferner noch die Conjugationszustände von Oxytricha pellionella, ferruginea und parallela n. sp. zu Gesicht. Bei O x y t r i c h a p e l l i o n e l l a[1]), die übrigens gewiss noch immer mit mehreren unbeschriebenen kleinen Arten verwechselt wird, hingen die Thiere genau wie die Stylonychien zusammen: der linke Vorderrand des rechten mit dem rechten Vorderrand des linken Individuums. Ebenso bei O x y t r i c h a f e r r u g i n e a *Stein* (Taf. XXX, Fig. 7), bei deren Conjugationszuständen ich anstatt der zwei Kerne drei bis vier kuglige Körper fand, die aus dem Zerfall derselben hervorgegangen sind. O x y t r i c h a p a r a l l e l a, eine neue Art, die weiter unten genauer beschrieben werden soll, kam auch zuweilen conjugirt vor; ich isolirte ein mit dem ersten Drittel der Vorderkörper verschmolzenes Paar (Taf. XXX, Fig. 6) am 30. August 1861, Mittag 1 Uhr 30 Min. Dasselbe hatte sich bis Nachts 12 Uhr in zwei Individuen getrennt, die bedeutend kürzer und dicker als die gewöhnlichen Exemplare der Oxytr. parallela waren, und jedenfalls also den oben bei den Stylonychien und Euploten geschilderten zweiten Conjugationsprocess durchgemacht hatten.

Fassen wir die sämmtlichen vorstehenden Beobachtungen zusammen, so dürfte das Hauptergebniss derselben etwa in Folgendem enthalten sein: E s k o m m e n i n d e r K l a s s e d e r I n f u s o r i e n z w e i e r l e i A r t e n

1) *Stein* hat die Conjugationszustände von Oxytr. pellionella zuerst abgebildet und beschrieben, vgl. Organismus der Infusionsthiere, 1. Abtheil., pag. 186, Taf. XI, Fig. 17.

der Conjugation vor, von denen jedoch nur die eine mit der geschlechtlichen Fortpflanzung in Beziehung zu stehen scheint. — Die erste Art der Conjugation besteht in der vollkommenen Verschmelzung zweier vorher getrennt gewesener Individuen zu einem einzigen Thiere. Sie ist unter den Oxytrichinen bis jetzt nur bei Stylonychia mytilus, pustulata und histrio nachgewiesen, wird jedoch auch bei den übrigen Oxytrichinen nicht fehlen; ebenso scheint sie bei den Aspidiscinen vorzukommen und es werden wohl auch die Beobachtungen *Claparède's* über die Conjugation von Vorticella microstoma, Carchesium polypinum, Epistylis brevipes, und mehreren Acinetinen hierher zu ziehen sein. Was die Bedeutung dieses ersten Conjugationsprocesses betrifft, so darf man wol mit Sicherheit annehmen, dass er mit einer geschlechtlichen Fortpflanzung nicht in Verbindung steht, sondern vielmehr dem Verschmelzungsprocess entspricht, der schon seit längerer Zeit in der Klasse der Rhizopoden bei verschiedenen Arten der Gattung Actinophrys nachgewiesen ist. Freilich herrschen auch über dessen Bedeutung zur Zeit noch verschiedene Ansichten. — Bei der zweiten Art der Conjugation vereinigen sich die Thiere nur mit einem Theil ihrer Vorderkörper (je nach der Lage des Mundes), bleiben in diesem Zustand mehrere Tage und trennen sich dann wieder. Die Thiere sind nach der Trennung äusserlich und innerlich stets ganz andere als sie bei Beginn der Conjugation waren und gehen nur ganz allmählich (meist noch einigen Tagen) wieder in die ursprüngliche Form über. Dies gilt wenigstens von den Oxytrichinen und Euplotinen. Bei den Paramecien, Colpidien und anderen holotrichen Infusorien, deren Organisationsverhältnisse von denen der Oxytrichinen und Euplotinen gänzlich verschieden sind, lassen sich an den wieder getrennten Thieren keine oder doch nur sehr geringe und bald verschwindende äussere Veränderungen wahrehmen. — Die Bedeutung dieses zweiten Conjugationsprocesses anlangend, so ist namentlich durch die an den Paramecien gemachten Beobachtungen bewiesen, dass durch denselben die geschlechtliche Fortpflanzung eingeleitet wird. — Schliesslich dürfte aus allem bisher über die Conjugation der Infusorien Bekannten auch hervorgehen, dass bei keiner Art Quer- und Längstheilung nebeneinander vorkommen, sondern dass sich eine Art für gewöhnlich entweder nur durch Quertheilung oder durch Längstheilung fortpflanzt. —

Fast bei allen Infusorien, deren Conjugationszustände bekannt sind, ist es mit grossen Schwierigkeiten verbunden, die Veränderungen genau zu ermitteln, welche die Fortpflanzungsorgane während des Conjugationsprocesses erleiden. Namentlich gilt das von den kleineren Thieren, die noch dazu wie z. B. die Oxytrichinen meist voll von Nahrungsstoffen sind, und während der ersten Zeit der Conjugation noch Nahrung aufnehmen. Dazu kommt noch, dass die Kerne und Nucleolus während jener ganzen Vorgänge eine viel zartere und weichere Beschaffenheit annehmen, so dass man sehr oft nicht im Stande ist, sie mit Sicherbeit zu erkennen, wenn man auch Säuren oder Druck mit dem Deckgläschen anwendet. Besonders sind die Nucleolus vieler kleinerer Arten äusserst schwer von Fettkörnern zu unterscheiden, wie das auch *Stein* hervorhebt. Bei den grösseren Species, wie z. B. bei den grossen Oxytrichinen (Stylonychia, Onychodromus, Pleurotricha, Urostyla u. a.) gehört nur etwas Uebung dazu, mit Bestimmtheit den Nucleolus zwischen anderen ähnlichen Körperchen zu erkennen; er unterscheidet sich hier von den gleich grossen Fettkörnern deutlich durch seine viel schwächeren helleren Contouren und den matteren Glanz.

Es dürfte vielleicht nicht uninteressant sein, hier Einiges über das Vorkommen des Nucleolus zu bemerken. Bekanntlich war *v. Siebold* der erste, der ihn bei Param. bursaria entdeckte. Seitdem ist er, Dank besonders den Untersuchungen *Steins* und *Balbianis* noch etwa bei dreissig bis vierzig Arten entdeckt worden. Ich kann zu diesen noch über zwölf Arten fügen, bei denen er bis jetzt noch nicht beschrieben war. Diese sind von bereits bekannten Species: Glaucoma scintillans; hier liegt er als ein kleines rundes Körperchen in einer halbkugeligen Vertiefung des runden Nucleus, in dessen Innern zuweilen noch ein grösserer runder innerer Nucleolus liegt. Ferner Frontonia leucas. An und auf dem ovalen, mehr oder weniger langgestreckten Nucleus dieses Thieres liegen, wie es scheint constant, drei Nucleolus von ziemlicher Grösse, von denen sich nach Einwirkung von Wasser oder Essigsäure deutliche Membranen abheben. Bei dem schönen von *Claparède* [1]) genau beschriebenen Trachelophyllum apiculatum, von dem mir leider nur wenige Exemplare zu Gebote standen, fand ich, dass jedes der beiden länglich ovalen Kerne zwei verhältnissmässig grosse Nucleolus besass, die in einer Aushöhlung von jedem der beiden Enden der Kerne lagen. Auch Conchophthirus Anodontae und C. curtus, eine neue Art, besassen neben oder auf ihrem ovalen Kerne einen oder zwei Nucleolus. Das Vorkommen eines Nucleolus bei Aspidisca lynceus, costata und turrita wurde schon oben erwähnt. Auch Vorticella convallaria und Epistylis flavicans besitzen einen ziemlich grossen Nucleolus, der gewöhnlich an die nach innen gekehrte Seite des langgestreckten, bandförmigen Kerns geschmiegt ist. Man kann ihn sich besonders durch vorsichtiges Drücken der Thiere klar machen. Ausser bei diesen eben genannten, bereits beschriebenen Arten, kommt aber noch ein Nucleolus bei einigen neuen Infusionsthieren vor, die weiter unten genauer beschrieben werden sollen, nämlich bei Drepanostoma striatum nov. gen. et sp., Chasmatostoma reniforme nov. gen. et sp., Lacrymaria elegans n. sp., und verschiedenen neuen Oxytrichinen, wie z. B Gastrostyla *Steinii* nov. gen. et sp., Pleurotricha setifera,

1) Etudes sur les Infusoires et Rhizopodes Part. II, pag. 306—307 u Taf. 16, Fig. 1 ·

Uroleptus agilis, Oxytricha strenua und parallela nn. spp. Nicht mit zuverlässiger Bestimmtheit kann ich die Existenz eines Nucleolus bei Opercularia coarctata *Clap.*, Zoothamnium aselli *Lachm.*, Urocentrum turbo und bei einigen andern bekannten Infusorien behaupten. Dagegen kann ich das Vorkommen desselben bestätigen bei allen mir bekannten Oxytrichinen, bei den Euploten, bei Chilodon cucullulus, Nassula aurea, Prorodon teres, Lacrymaria olor, Panophrys flava (= Bursaria flava *Eb.*), Colpidium *Stein* (= Paramecium colpoda), Balantidium entozoon, Paramecium bursaria und aurelia [1]), Entodinium bursa *Stein* und caudatum *St.*, Carchesium polypinum und Epistylis digitalis. — Bei Epistylis plicatilis waren bisher alle meine Bemühungen vergeblich, einen Nucleolus zu finden. Eben so wenig konnte ich mit Bestimmtheit den von *Balbiani* bei Blepharisma lateritia beschriebenen Nucleolus finden, doch traf ich noch vor Kurzem ein Exemplar (Taf. XXX, Fig. 12) dieses Thieres, vor dessen Kern eine grosse Kapsel lag, die dicht mit starren, bewegungslosen Stäbchen erfüllt war. Dieselben glichen den Spermatozoen von Paramecium aurelia und liessen wie diese ein kopfartig abgesetztes Vordertheil erkennen, waren aber noch viel kleiner. Sie zeigten, aus der Kapsel gedrückt, von der sich nach Einwirkung von Essigsäure eine helle Membran abhob, durchaus keine Bewegung und verhielten sich in jeder Beziehung wie die Spermatozoen von Paramecium aurelia. Ich trage daher auch kein Bedenken, die Kapsel geradezu für eine Samenkapsel zu erklären. Weitere Entwickelungsstufen von Blepharisma lateritia kamen mir nicht zu Gesicht, doch fand ich zu anderen Zeiten Exemplare desselben Thieres, deren grosser ovaler Kern in fünf oder sechs runde Kugeln von ganz homogener Substanz zerfallen war. Dasselbe hat *Stein* zuerst beobachtet und beschrieben [2]).

Die Nucleolus mehrerer Infusorien kommen bei einer und derselben Art in ganz veränderlicher Zahl vor. Ein auffallendes Beispiel hiervon giebt z. B. Styl. mytilus. Diese hat nach *Stein* nur zwei, nach *Balbiani* aber vier Nucleolus: beides ist richtig, d. h. es kommen ebenso häufig Exemplare der Styl. mytilus vor, die zwei, als solche, die vier Nucleolus besitzen. Neben diesen findet man aber auch nicht selten Individuen mit drei Nucleolus. Bei einfachen Exemplaren der Urostyla *Weissei* trifft man sogar zwei bis acht Nucleolus an. Stylonychia histrio hat bald nur zwei, bald vier Nucleolus.

Was nun jene spaltförmigen, von *Stein* besonders bei vielen Oxytrichinen entdeckten Höhlen im Nucleus betrifft, die schon oben bei Aspidisca erwähnt wurden, so ist deren Bedeutung noch nicht sicher festgestellt. Möglich dass sie bei der geschlechtlichen Fortpflanzung eine wich-

1) Es sei hier beiläufig bemerkt, dass nicht *Claparède*, sondern *Stein* zuerst den Nucleolus von Param. aurelia entdeckt hat. Vgl. *Stein*, Organismus der Infusionsthiere. 1. Abtheil., pag. 95 u. 97.

2) Organismus der Infusionsthiere. 1. Abtheil., pag. 101.

tige Rolle spielen; vielleicht dringen die Spermatozoen durch sie in den Kern. Sie sind gewöhnlich ganz symmetrisch angeordnet; entweder liegen sie nach den einander zugekehrten, oder nach den von einander abgewendeten Enden der Kerne zu. Doch kommen auch zuweilen Abweichungen vor. Auffallend war mir, dass ich bei den Exemplaren von Stylonychia mytilus, bei denen die spaltförmige Höhle in den einander zugekehrten Enden der Kerne lag (Taf. XXX, Fig. 12) stets nur zwei Nucleolus fand. Dabei zeigten sich in der kleinen durch den Spalt von dem grösseren Theil des Nucleus getrennten Kernhälfte mehrere kleine lichtbrechende Körperchen. Dasselbe beobachtete ich bei Pleurotricha lanceolata, doch waren bei dieser dann gar keine Nucleolus zu finden. Im anderen Falle, wenn die spaltförmigen Höhlen von einander abgewendet waren, traf ich constant vier Nucleolus bei Styl. mytilus (Taf. XXX, Fig. 11). Einzelne etwas kurze und dunkle Exemplare dieses Thieres besassen drei Kerne, deren mittelster zuweilen lang bisquitförmig war; neben denselben lagen vier oder fünf Nucleolus. — Die spaltförmigen Höhlen in den vier Kernen von Onychodromus sind auch immer nach einer bestimmten Regel geordnet (vgl. Taf. XXX, Fig. 9), wie schon oben (pag. 5) beiläufig erwähnt wurde. Einmal fand ich bei Anfang der Theilung in den beiden mittelsten Kernen je zwei dünne spaltförmige Höhlen Die zwei anderen Kerne zeigten nur je einen Spalt. Er verschwindet jedenfalls beim weiteren Fortschreiten der Theilung, da alle vier Nucleus zu einem einzigen grossen, ovalen Körper verschmelzen, der durchaus keine spaltförmigen Hohlräume besitzt. Neben demselben liegen, wie bei Styl. mytilus, vier bis fünf (zuweilen noch mehr) Nucleolus, deren Inhalt längsgestreift ist. — Eine eigenthümliche Erscheinung, die besonders bei Onychodromus auffällt, ist ein länglicher, meist nach innen zugespitzter Spalt auf dem Peristomfeld (Taf. XXX, Fig. 8 u. 9), der den Winkel, welchen die adorale Wimperreihe in der linken Vorderecke des Thieres bildet, ungefähr halbirt und sich mehr oder weniger weit schräg über das Peristomfeld in der Richtung nach dem vordersten Nucleus herüberzieht. Entweder ist es ein langer nach innen zu scharf zugespitzter Spalt, oder eine kleinere, von wulstigen Rändern eingefasste, länglich ovale Oeffnung, die sich in einen deutlichen Canal fortsetzt, den man jedoch nur eine kleine Strecke weit sicher verfolgen kann. Wenn sich ein Thier von Onychodromus theilt, bleibt der Spalt offen und verschwindet nicht. Er entspricht jedenfalls ganz der von *Stein* bei Styl. mytilus entdeckten halbkreisförmigen Linie, welche das Peristomfeld dieser Thieres in eine vordere tiefer liegende und in eine hintere etwas höhere Fläche theilt. *Balbiani*[1]) hat neuerdings dies Vorkommen derselben bei Styl. mytilus bestätigt und glaubt nach einem vergleichenden Studium von Trachelius ovum, dass

1) Journal de Physiologie publ. par *Brown-Séquard*. Tome IV, Num. VIII, pag. 213 flgd.

jene Oeffnung in inniger Beziehung zu den Fortpflanzungsorganen stehe. Mir kommt diese Annahme nicht unwahrscheinlich vor, doch kann ich nichts hinzufügen, was zu ihrer Bekräftigung dienen könnte.

Neben den hypotrichen Infusorien waren es nun besonders auch noch die peritrichen Infusionsthiere, deren Entwickelungsgeschichte ich zu studiren bemüht war, und ich wählte mir dazu einzelne Arten aus der grossen Familie der Vorticellinen, die vorzüglich von *Stein, Claparède* und *Lachmann* mit so glücklichem Erfolg bearbeitet worden ist. Diese Arten sind Epistylis plicatilis, crassicollis und flavicans, Carchesium polypinum, Carch. aselli n. sp., und Zoothamnium affine.

Bei Epistylis plicatilis, bei der ich, wie bereits erwähnt, noch keinen Nucleolus fand, konnte ich sowohl die von *Claparède*[1]) beschriebenen und von *Stein* auch bei Epistylis crassicollis entdeckten Basalknospen, als auch die Urnula, jenes acinetenartige Thier, dessen Entdeckung wir *Claparède* verdanken, wieder auffinden. Die Basalknospen treten wie es scheint immer an ziemlich vielen Exemplaren desselben Stockes zu gleicher Zeit auf sitzen ganz unten am Körper der Epistylis, da wo das Thier am Stiele haftet, und rücken allmählich auf den Stiel selbst. Sie zeichnen sich durch ihre starre, kurze Form aus und unterscheiden sich schon dadurch auffallend von den gewöhnlichen Knospensprösslingen der Epistylis plicatilis, die sich sehr in die Länge strecken, und auch wenn sie noch mit dem Mutterthier zusammenhängen, schon dessen Form im Allgemeinen annehmen. Die Theilung der Basalknospen in ein vorderes und hinteres Segment kann ich bestätigen, vermochte aber ihre weitere Entwickelung noch nicht zu verfolgen. Uebrigens zeigten die Exemplare von Epistylis plicatilis, an deren Fuss jene Knospen sassen, stets nur den gewöhnlichen Kern.

Ein interessantes Thier ist die Urnula *Clap.* (Taf. XXX, Fig. 13), die von *Stein* auch bei Epistylis crassicollis entdeckt worden ist. Sie tritt wie jene Basalknospen, mit denen sie übrigens nie ganz gleichzeitig vorkommt, immer zugleich an ziemlich vielen Exemplaren desselben Stockes auf. Ich zählte auf einer Colonie von fünfzig Epistylis-Thieren zehn, auf einer andern von zwanzig Thieren sechs Urnula. Der rundliche, scharf umgränzte Körper der Urnula befindet sich in einer festen, farblosen Hülse von ovaler Form, die hinten nach einer Seite zu schnabelartig ausgezogen und vorn mit einer ziemlich grossen, von drei Seiten begrenzten Oeffnung versehen ist, durch welche das Thier einen, selten zwei lebhaft bewegliche geknopfte Tentakeln streckt. Im Innern der Urnula liegt ein oft grobkörniger Nucleus und ein oder mehrere contractile Behälter. Bei der Theilung schnürt sich, wie *Claparède* beschreibt und abbildet, ein vorderes gleichförmig bewimpertes Segment ab, das die Hülse verlässt. Offenbar gleicht somit die Urnula der Acineta mystacina ausserordentlich

1) Etudes sur les Infusoires, part. III, pag 156, pl. VI, 2 f.

und weicht von derselben fast nur in der Gestalt der Hülse und in dem Wohnorte ab. *Claparède* glaubt jedoch, das Thier für einen Rhizopoden halten zu müssen, da er beobachtete, dass der Tentakel des Thieres sich wie bei gewissen Rhizopoden verästelte. Sollte dieser einzige Grund aber wirklich hinreichen, um die Urnula in eine ganz andere Thierclasse zu stellen? Alles Uebrige spricht im Gegentheil unzweideutig für die Acinetennatur des Thieres. Denn welcher Rhizopode baut solche Hülsen wie Urnula, vermag sich seiner Pseudopodien als Saugröhren zu bedienen, wie dies Urnula thut, und pflanzt sich endlich wie Urnula, mittelst bewimperter Theilungssprösslinge fort? Alles dies sind aber Eigenschaften, die echten Acineten, namentlich der Acineta mystacina zukommen. Wäre Urnula ein Rhizopode, dann dürfte es schwer sein die Gränze zwischen dieser Thierclasse und den Infusorien zu bestimmen. — Die ebenfalls von *Claparède* zuerst beschriebenen Amphileptus-Cysten, die auch später von *D'Udekem* und *Stein* bei ganz verschiedenen Vorticellinen beobachtet wurden, kamen auch mir bei Epistylis plicatilis zu Gesicht. Sie scheinen ganz allgemein vorzukommen. Der Amphileptus pflegt sich in der Cyste zu theilen und verlässt dieselbe später. — Epistylis plicatilis erleidet zuweilen, wahrscheinlich durch äussere Einflüsse, höchst eigenthümliche Formveränderungen, wie dies schon von *Claparède* erwähnt und abgebildet wird. Schnürt sich z. B. das Thier gerade in der Mitte quer und tief ein, so macht dies vollkommen den Eindruck einer beginnenden Quertheilung. Ganz ähnliche Erscheinungen beobachtete ich bei Opercularia [1]) articulata. —

Bei Epistylis crassicollis kann ich ebenfalls das Vorkommen der von *Stein* (Organismus der Infusionsthiere, p. 102) beschriebenen Basalknospen bestätigen. Sie gleichen vollkommen denen von Epist. plicatilis. Auch Amphileptuscysten, in denen sich das encystirte Thier theilte, kamen mir auf dem Stöcken der Ep. crassicollis zu Gesicht. —

Ein besonderes Interesse gewährte mir die grosse Epistylis flavicans, bei der, wie schon erwähnt, ein deutlicher ovaler Nucleolus vorhanden ist. Bei diesem Thier traten nämlich, gleichzeitig an vielen Exemplaren, im Kerne die ersten Anlagen zu Keimkugeln auf. Entweder enthielt derselbe eine grosse Anzahl sehr kleiner, dicht gedrängter kugliger Gebilde, deren jedes ein centrales Bläschen besass, oder diese Körper waren grösser und in geringerer Anzahl in der Nucleussubstanz eingebettet. Zuweilen lagen ausserdem noch eine oder selten mehrere längliche, scharf umschriebene Massen im Kern, in denen sich einige helle Bläschen zeigten. Jedenfalls zerfallen dieselben später in mehrere

1) Die schöne Gattung Opercularia unterscheidet sich von der Gattung Epistylis in zu wesentlichen Puncten, als dass man beide zu einer Gattung vereinigen könnte, wie dies *Claparède* thut. Viel eher liessen sich manche andere Gattungen vereinigen, die *Claparède* noch getrennt behält, z. B. Holophrya und Urotricha, Enchelyodon (namentlich E. farctus *Clap.*) mit Prorodon u. a. m.

kleinere Segmente. Es fanden sich auch Kerne, in deren Innern nur ein oder mehrere langgestreckte scharfbegrenzte homogene Massen von dichterer Beschaffenheit als der Nucleus lagen. Dieser enthielt noch keine kugligen Gebilde. Dieselbe Erscheinung beobachtete ich auch neuerdings bei Epistylis plicatilis. Bei dem am weitesten vorgeschrittenen Entwickelungsstadium jener kugligen Körper im Nucleus der Epistylis flavicans war der Kern an dem einen Ende sehr stark angeschwollen und enthielt in diesem angeschwollenen Stück eine geringe Anzahl ziemlich grosser (0,012—0,030 mm.) mit einem deutlichen Kern versehener Keimkugeln. In den übrigen Theilen des Nucleus lagen kleinere Kugeln. Die weitere Entwickelung derselben zu Embryonen gelang mir nicht zu verfolgen. Uebrigens fand ich bei den Exemplaren, deren Nucleus die erwähnten Erscheinungen zeigte, keinen Nucleolus.

Die von *Claparède*[1]) entdeckten kleinen Körperchen (»corpuscules à peu près réniformes«), die paarweis vereinigt im Parenchym der Epistylis flavicans zerstreut liegen, scheinen diesem Thier allein zuzukommen. Es sind längliche, gleichbreite Körperchen von stark lichtbrechender Substanz, die der Länge nach je zwei und zwei aneinander gedrückt sind. Ihre Grösse übersteigt selten 0,0085 mm.; ihre Zahl schwankt ziemlich bedeutend; meist fand ich zwölf bis zwanzig, doch kommen auch Exemplare vor, die keine Spur davon enthalten. Die Bedeutung der Körperchen ist noch unklar.

Bei Carchesium polypinum beobachtete ich mehrmals, im Mai und October 1860, das Auftreten von Keim- und Embryonalkugeln. Meist war nur eine einzige Kugel von verschiedener Grösse (höchstens bis 0,035 mm.) vorhanden. Dieselbe lag in der vorderen Hälfte des Thieres, ziemlich dicht unter der Oberfläche im Parenchym, und zeichnete sich durch ihre helle homogene Substanz und den centralen sehr grossen Kern aus; auch besass sie meist an der Peripherie einen langsam veränderlichen Hohlraum. Der Nucleus des Mutterthieres war stets vorhanden und zeigte keine Veränderungen. Zweimal fand ich Exemplare im Begriff sich zu theilen, in deren einer Hälfte vorn eine grosse Kugel lag. Dieselbe enthielt ausser dem centralen runden Kern noch eine Anzahl rundlicher stark lichtbrechender Körperchen. Derselbe Stock, dem diese beiden Thiere angehörten, trug auch noch acht andere Individuen, deren jedes vorn unter dem wulstigen Peristomrande eine grosse helle Keimkugel enthielt. Die übrigen zehn Individuen, die auf den anderen Aesten desselben Stockes sassen, zeigten keine Kugeln.

Im Juni 1860 fand ich in München Exemplare des Carchesium polypinum, die an der hinteren Körperhälfte nahe am Stiel einen dicken, nach vorn zu sacht verschmälerten knospenartigen Auswuchs besassen, der an seiner Spitze mit einer rundlichen Oeffnung versehen war. In

1) Etudes sur les Infus. tom. I, pag. 112.

seinem Innern lagen mehrere ziemlich grosse stark lichtbrechende Körperchen von ovaler Form, nicht unähnlich den im Innern jener beiden Keimkugeln beobachteten Gebilden. Der knospenartige Auswuchs wird mit der Zeit enger und nimmt zuletzt die Form eines schlaff herabhängenden Schlauches an. Ganz dieselben Erscheinungen hat zuerst *Stein* [1]) bei Vorticella nebulifera entdeckt und beschrieben. — Die ziemlich umfangreichen, spiralig bewimperten runden Auswüchse bei Carch. polypinum, die ich früher [2]) irrthümlich für Embryonen hielt, sind, wie ich mich auch bei anderen Vorticellen überzeugte, weiter nichts als die aus dem contrahirten Thier herausgequollene Scheibe des Wirbelorganes. Dieselbe nimmt eine ganz runde Form an und hängt oft nur mittels eines dünnen, langen Stranges der Körpersubstanz mit dem inneren Thierkörper zusammen. Oft sieht es daher aus, als sässe die Kugel weiter unten frei am Körper des Thieres, während sie doch noch durch eine feine Commissur mit dem Vorhof verbunden ist. —

Am meisten unter allen Vorticellinen bot mir bisher Carchesium aselli, eine neue, weiter unten zu beschreibende Art, Gelegenheit, die embryonale Fortpflanzung zu beobachten. Zuerst, am 1. April 1860, fand ich ein abgestorbenes grösseres Exemplar von ungefähr 0,10 mm. Grösse, das in seinem körnerarmen Innern eine 0,042mm. grosse homogene Kugel mit grossem runden Kern besass. Neben dieser lag hufeisenförmig gekrümmt der kleiner gewordene Nucleus. Am zweiten April entdeckte ich nach und nach noch acht Exemplare, die ebenfalls je eine Embryonalkugel enthielten. Diese lag meist dicht unter dem Peristomrande und an ihrer Oberfläche befand sich ein sehr langsam veränderlicher kleiner Hohlraum. Bei Zusatz von Essigsäure zeigte sich auch in der Kugel ein scharfbegrenzter opaker Kern. Den mütterlichen Nucleus vermochte ich nicht in allen Fällen sicher zu erkennen. Neben diesen eben erwähnten Formen fanden sich nun aber noch andere, die offenbar eine spätere Entwickelungsstufe darstellten. Es hatte sich nämlich der runde grosse Kern der Embryonalkugel in zwei ovalrunde Körper getheilt, die bei Zusatz von Essigsäure scharf in der jetzt nur noch einem blasenartigen Hohlraum gleichenden Embryonalkugel hervortraten. (Taf. XXX, Fig. 16). Zuweilen befanden sich ausserdem noch zwei ebensolche ovalrunde Körper im Parenchym, von denen sich nach Einwirkung von Reagentien eine deutliche Membran anhob. Auch in diesen Fällen konnte ich zuweilen den mütterlichen Nucleus nicht auffinden. Häufig besitzen die Mutterthiere an der Aussenseite ungefähr in der Mitte oder auch etwas nach vorn zu einen grossen conischen Auswuchs, der nach vorn schmäler wird, jedoch keine Oeffnung erkennen liess. Vielleicht bildet sich später eine solche. In diesem Höcker erkannte ich mehrmals einen

1) Organismus der Infusionsthiere, pag. 103, und Sitzungsberichte der kgl. böhmischen Gesellsch. d. Wissensch. zu Prag, vom 28. Novemb. 1859.

2) Zeitschrift f. wiss. Zool. Bd. X, pag. 279.

grossen kugelförmigen Körper, jedenfalls eine Embryonalkugel. Ob der Embryo immer durch diesen Auswuchs heraustritt, ist zweifelhaft, denn ich beobachtete wiederholt, dass der reife Embryo nur durch eine Spalte in der Oberfläche des Mutterthieres nahe am Peristomrande heraustrat (Taf. XXX, Fig. 15). Derselbe ist ovalrund, sehr klein, vorn mit ein oder zwei Zonen von langen Wimpern versehen, besitzt einen contractilen Raum und rundlichen Kern und schwimmt sehr stürmisch umher. Oft sass er stundenlang noch in der Spalte des Mutterthieres, so dass nur seine Vorderhälfte mit den lebhaft schlagenden Wimpern aus dem mütterlichen Körper hervorragte. — Nach den eben mitgetheilten Beobachtungen wird es nun wahrscheinlich, dass sich der Kern jener grösseren Kugeln zu (einem? oder) mehreren Embryonen umbildet, die sich noch auf Kosten des übrigen Inhalts der Embryonalkugel vergrössern und später als reife Embryonen die Hülle der Embryonalkugel und nach dieser auch das Mutterthier durch eine besondere Oeffnung verlassen. Dies stimmt auch mit den interessanten von *Claparède*[1]) mitgetheilten Beobachtungen über die Entwickelung der Embryonen von Epistylis plicatilis überein.

Ueber die Entwickelung der Embryonalkugeln aus dem mütterlichen Kern haben mir nur wenig Exemplare einen Aufschluss gegeben. Bei einem Mutterthier, das schon eine grosse Embryonalkugel enthielt, zeigten sich in dem kleiner gewordenen Nucleus mehrere kernartige Gebilde. Ein anderes, das keine grosse Embryonalkugel besass, zeigte einen verkleinerten Nucleus und neben diesem noch sechs kleine kugelförmige Körper mit centralen Bläschen. Bei einem dritten, das schon eine grosse Embryonalkugel enthielt, war der Nucleus augenscheinlich in fünf rundliche mit deutlichem centralen Bläschen versehene Körper zerfallen. Dieselben zeigten eine sehr verschiedene Grösse. Wahrscheinlich entwickeln sie sich, wenn die erste Embryonalkugel Embryonen producirt hat, der Reihe nach ebenfalls zu Embryonalkugeln, aus denen dann allmählich eine Reihe von Embryonen hervorgehen.

Neben der Bildung von Embryonalkugeln kommt nun bei Carchesium aselli noch eine andere Erscheinung vor, die zuerst von *Stein*[2]) bei Vorticella nebulifera entdeckt und beschrieben worden ist. Es treten nämlich gleichzeitig an vielen Exemplaren, in Gesellschaft der Embryonalkugeln enthaltenden Mutterthiere, grosse Höcker von mehr oder weniger gewölbter Gestalt auf. Dieselben sitzen meist in der hinteren Körperhälfte des Thieres und enthalten eine ziemliche Anzahl kleiner kugliger, stark lichtbrechender Körperchen, die sich auch im Parenchym des mütterlichen Körpers in grösserer Zahl angehäuft finden. Sie sind offenbar direct aus dem Zerfall des Nucleus hervorgegangen, von dem nur selten noch

1) Etudes sur l. Infusoires, tome III, pag. 169—177, u. pl. VII, 1—13.
2) Organismus der Infusionsthiere. 1. Abtheil., pag. 108, und: Sitzungsber. der kgl. böhmischen Gesellsch. d. Wissensch zu Prag, vom 28. November 1859.

ein sehr kleiner Rest zu entdecken ist. Ein Exemplar, das dieselbe Erscheinung zeigte, besass noch keinen Höcker.

Die Bedeutung jener kleinen Körperchen ist noch zweifelhaft. *Stein*[1]) ist geneigt, sie für Anfänge zu befruchtenden Elementen zu halten.

Bei Carchesium aselli traf ich auch nicht selten jene Zustände, bei denen die bewimperte Peristomscheibe aus dem heftig zusammengezogenen Thier herausgequollen war und Kugelform angenommen hatte. (Taf. XXX, Fig. 17). Sie ist leicht durch den Mangel eines Kerns und das Fehlen selbständiger Ortsbewegung von einem Embryo zu unterscheiden. Reisst sie zufällig vom Thier los, so schlagen die darauf befindlichen adoralen Wimpern noch eine lange Zeit auf und ab, die Kugel schwimmt jedoch nie weit, rollt langsam auf dem Boden hin und bleibt zuletzt still liegen.

Das Vorkommen jener kleinen rundlichen Körperchen, die aus dem Zerfall des Nucleus entstehen, beobachtete ich auch bei einigen Exemplaren des Zoothamnium affine *St.*, das übrigens in total verschiedenen Formen nebeneinander vorkommt. Die Höcker der Individuen, die jene Körper enthielten, waren zuweilen enorm gross, entweder einfach länglich elliptisch, oder dick kegelförmig und nach vorn in einen kurzen röhrenartigen Fortsatz ausgezogen (Taf. XXX, Fig. 18), der eine deutliche terminale Oeffnung besass. Die Körperchen selbst hatten nicht immer gleiche Grösse, doch übersteigt dieselbe nie 0,005 mm.

Bei Vorticella convallaria beobachtete ich das Auftreten von Embryonalkugeln; meist war wie bei Carchesium polypinum nur eine einzige grosse Kugel mit opakem Kern vorhanden. Im Nucleus mehrerer Exemplare zeigten sich auch einzelne kleine kernartige Gebilde und es schien als wolle der mütterliche Kern in mehrere Theile zerfallen. Weitere Entwickelungsstufen wurden nicht beobachtet. — Bei dieser Art kommen ebenfalls nicht selten contrahirte Individuen vor, deren Peristom herausgepresst ist und einem aussensitzenden Sprössling gleicht. Ueberhaupt scheint diese krankhafte Erscheinung bei allen Vorticellinen verbreitet zu sein.

Von Interesse ist auch die Entwickelung von Keimkugeln im Nucleus des merkwürdigen Didinium nasutum *St.* (Vorticella nasuta *O. Fr. Müller*). Dies Thier, das erst von *Stein*[2]) genau charakterisirt worden ist, besitzt gewöhnlich einen stark hufeisenförmig gekrümmten Nucleus, an dem ich noch keinen Nucleolus zu unterscheiden vermochte. Im October 1860 aber fand ich noch sehr viele Exemplare derselben Art, deren Kern zahlreiche kleine kuglige mit einem centralen Bläschen versehene Gebilde umschloss. Zwischen den vielen kleinen lagen zuweilen mehrere (4—6) bedeutend grössere Kugeln, die einen deutlichen Kern enthielten. Bei anderen Individuen war der Nucleus in einzelne frei

1) Sitzungsber. d. böhm. Gesellsch. d. Wissensch., vom 28. November 1859.
2) »Lotos«, IX. Jahrgang, 1859.

neben einander liegende, ebenfalls mit centralen Bläschen versehene mehr oder weniger kugelförmige Gebilde zerfallen, die zuweilen noch von der Nucleusmembran zusammengehalten wurden. Jedenfalls sind die erwähnten Körper die ersten Anfänge zu Keim- und Embryonalkugeln. — Bei der Quertheilung von Didinium nimmt der Kern eine langgestreckte Gestalt an, rückt in die Längsaxe des Thieres und erhält ein ganz längsstreifiges Ansehen, etwa wie die Nucleolus der Oxytrichinen und der Nucleus von Urostyla grandis bei der Quertheilung. Nach der Quertheilung verschwinden die Streifen wieder. —

In der Classe der Acinetinen ist die Fortpflanzung durch innere Sprösslinge (»Schwärmsprösslinge« (*Stein*), »embryons« (*Claparède*)) durch *Stein* und *Claparède* bei fast allen bekannten Arten nachgewiesen worden. Hier sei nur noch erwähnt, dass ich die Sprösslinge von Acineta Operculariae, Acineta quadripartita (quadriloba *Stein*), Ac. Astaci, und A. infusionum beobachtete. Bei letzterer Art und Acineta quadripartita verfolgte ich wiederholt die Rückbildung des Sprösslings zur Acinete. In sehr auffallender Weise unterscheiden sich wenigstens die mir bekannten Sprösslinge der Acineten von den Embryonen bewimperter Infusorien (z. B. Stylonychia mytilus, Paramecium aurelia, Epistylis plicatilis u. a.) dadurch, dass ihr ganzer Körper nicht wie bei letzteren ganz körnerlos und durchsichtig ist, sondern schon im Mutterthier ganz mit denselben Nahrungsstoffen wie dieses erfüllt ist. Oft sind z. B. die Sprösslinge von Acineta quadripartita oder Ac. infusionum so voll von Fettkugeln und anderen vom Mutterthier aufgesogenen Nahrungsstoffen, dass man Mühe hat ihren Kern und contractilen Behälter zu erkennen. Schon dieser einzige Umstand macht es höchst unwahrscheinlich, dass der ganze Acinetensprössling nur aus der Substanz des mütterlichen Nucleus gebildet werde. Zwar ist letzterer nicht selten in grobe Körner zerfallen, doch würden diese kaum hinreichen, auch nur einen kleinen Theil des oft ausserordentlich grossen Sprösslings undurchsichtig zu machen. Vielmehr ist es wahrscheinlich, dass nur der Kern desselben vom mütterlichen Nucleus stammt, während die gesammte Körpermasse des Sprösslings direct aus dem Inhalt des Mutterthieres hervorgeht. Dasselbe hat *Stein* schon früher ausgesprochen [1]). Er beobachtete nämlich bei Acineta infusionum, dass rechtwinklig von der Mitte des mütterlichen Nucleus ein Fortsatz desselben ausging, der an seinem Ende knospenförmig verdickt war. Um diesen Fortsatz hatte sich eine hellere Atmosphäre aus der Körpersubstanz des Mutterthieres gebildet. Fast genau dasselbe beobachtete ich an einem grossen Exemplar der Acineta quadripartita. Hier ging von dem einem Ende des mütterlichen Kerns ein dünnerer nach vorn zu angeschwollener Fortsatz aus, um den sich ein scharf umschriebener Theil vom Parenchym des Mutterthieres in Kugel-

1) Die Infusionsthiere auf ihre Entwickelungsgeschichte untersucht. Leipzig 1854, pag. 199, Taf. IV, Fig 47.

form gelagert hatte. Offenbar war dies ein sich eben bildender Schwärmsprössling.

Höchst unwahrscheinlich ist es, dass die Schwärmsprösslinge der Acineten auf geschlechtlichem Wege erzeugt werden, denn es existirt keine Beobachtung, die mit einiger Sicherheit darauf hindeutete[1], obgleich die Fortpflanzung der Acineten durch innere Sprösslinge die gewöhnliche Vermehrungsweise ist. Nur bei Acineta mystacina, Urnula Epistylidis und Podophrya fixa hat man bisher noch keine inneren Schwärmsprösslinge sich bilden sehen, dagegen pflanzen sich diese drei Arten, soweit bis jetzt bekannt, nur durch einfache Theilung fort. Jedenfalls entspricht die Bildung von Schwärmsprösslingen im Innern der Acineten nicht der embryonalen Fortpflanzung der übrigen Infusorien, sondern nur der einfachen Theilung.

Es kommt aber bei den Acinetinen noch eine zweite Art der Fortpflanzung durch innere Sprösslinge vor, die erst von *Claparède*[2]) bei Acineta quadripartita und Acineta cucullus (?) entdeckt worden ist. Es entwickeln sich nämlich, wie *Claparède* bei Acineta quadripartita ausführlich zeigt, im Inneren des in mehrere kugelförmige Segmente zerfallenen Nucleus dieses Thieres eine grössere Anzahl kleiner bewimperter Sprösslinge, die von den Embryonen der Epistylis plicatilis absolut nich zu unterscheiden sind. *Claparède* scheint nun diese kleinen Sprösslinge für gleichbedeutend mit den gewöhnlichen Acinetensprösslingen zu halten; mir kommt diese Ansicht jedoch höchst unwahrscheinlich vor. Es ist nämlich sowol die Art der Entstehung wie die Beschaffenheit der reifen Sprösslinge gänzlich verschieden von der Entstehung und Beschaffenheit der gewöhnlichen Schwärmsprösslinge. Namentlich dürfte der Umstand von bedeutender Wichtigkeit sein, dass die kleinen Acinetensprösslinge nur aus der Substanz des mütterlichen Kernes ohne Zuthun des mütterlichen Parenchyms entstehen. Sie haben diese Entstehungsweise also mit den Embryonen der bewimperten Infusorien, z. B. der Vorticellinen, gemein, und erwägt man noch ihre äussere Aehnlichkeit mit den letzteren, so ergiebt sich eine ganz auffallende Uebereinstimmung der embryonalen Fortpflanzung der Ciliaten mit der Fortpflanzung der Acineten durch die erwähnten kleinen Sprösslinge. Von ganz besonderer Wichtigkeit dürften diese letzteren nun für die berühmte Acinetentheorie *Stein's* sein. Erweisen sich nämlich die kleinen Acinetensprösslinge als wahre, auf geschlechtlichem Wege erzeugte Embryonen, so ist die Acinetentheorie widerlegt. Es ist aber auch möglich (— und hierauf scheint namentlich die vollkommen gleiche Organisation der kleinen Sprösslinge der Acineta quadripartita und der Embryonen von Epistylis plicatilis hinzudeuten —), dass dieselben eine eigenthümliche Generation von Spröss-

1) Bei keiner Acinete vermochte man z. B. einen Nucleolus zu finden

2) Etudes sur les Infusoires et Rhizopodes. Tome III, pag. 120 u. 121, pl. III, figg. 10 *D*, 11 u. 12, pag. 138 u. pl. IV, figg. 12 u. 13.

lingen der Acineten darstellen, durch welche diese sich wieder in die ausgebildete wimpertragende Infusorienform zurückverwandeln [1]). In diesem Falle würde die Acinetentheorie bewiesen sein. Nach alledem hängt somit von der Erforschung des ersten Entstehens und der späteren Schicksale der kleinen Acinetensprösslinge die Lösung der seit nun sieben Jahren ungelöst schwebenden Frage ab, ob die Acineten selbständige Infusorienformen sind, oder nicht, einer Frage, die ein um so grösseres Interesse bietet, als sie es war, welche den Anstoss zu dem mächtigen Aufschwung gab, den die Infusorienkunde in der neueren Zeit genommen hat.

## II.

## Beschreibung neuer Arten von Infusorien.

### **Chasmatostoma** n. gen. (Taf. XXXI, Fig. 1).

Körper formbeständig, nierenförmig, etwas plattgedrückt, gleichförmig bewimpert. In der Mitte der platten Bauchseite eine ovale kleine Mundspalte mit innen befestigter undulirender Membran.

Chasmatostoma reniforme n. sp. Dieses kleine Thier, welches bisher vielleicht oft mit Colpoda cucullus und ähnlichen Infusorien verwechselt worden ist, entdeckte ich im October 1861 in einem reich mit Wasserlinsen besetzten Wiesengraben unweit des Dorfes Leutsch bei Leipzig. Sein nierenförmiger, auf der Rückseite etwas gewölbter Körper ist vorn etwas verschmälert und stumpf abgerundet. Die Mundspalte, eine ovale, hinten schwach zugespitzte Oeffnung, etwa in der Mitte der Bauchseite, führt in eine kleine Mundhöhle, die sich hinten rechts in einen kurzen Schlund fortsetzt. Längs der rechten inneren Seite der Mundhöhle zieht sich eine lebhaft undulirende, feine Membran; zuweilen schien noch eine zweite kleinere, links befestigte Membran vorhanden zu sein, doch konnte ich mich nie sicher von der Anwesenheit derselben überzeugen. Der Nucleus ist rund, in der Mitte der hinteren Körperhälfte gelegen, und neben ihm in einer Aushöhlung befindet sich ein deutlicher runder Nucleolus. Der contractile Behälter befindet sich am Hinterende und nimmt bei der Systole Rosettenform an. Das ganze Thier ist gleichmässig, ziemlich lang bewimpert und schwimmt lebhaft meist Bogen beschreibend auf der Bauchseite umher. Sein Inneres war oft mit verschiedenen Nahrungsstoffen dicht angefüllt. Seine Grösse betrug etwa 0,060 mm. Theilung wurde noch nicht beobachtet.

### **Lacrymaria elegans** n. sp. (Taf. XXVIII, Fig. 2 u. 3).

Körper contractil, längsgestreift, flaschenförmig, nach vorn in einen kräftigen, vier- bis fünfmal seicht ring-

1) Ein gewöhnlicher Schwärmsprössling wird sich wol nie in ein höher organisirtes Infusorium verwandeln.

förmig eingeschnürten Hals verlängert, dessen Vorderende sich kopfartig absetzt. Der fischreusenartige Schlund reicht etwas über die zweite Einschnürung hinaus. Ein contractiler Behälter am Hinterende. Nucleus einfach, mit grossem ovalen Nucleolus.

Diese niedliche Form fand ich zuerst im November 1860, anfangs in wenig Exemplaren, später sehr zahlreich im sogen. Diebesgraben zu Leipzig, einem schmutzigen, fliessenden Gewässer. In ihrer Gesellschaft befanden sich fast nur noch Metopus sigmoides *Clap.*[1], Plagiopyla nasuta *Stein* (selten), und Gyrocorys oxyura *Stein*, eine der interessantesten und originellsten Infusorienformen. — L. elegans schwimmt unaufhaltsam und mit ziemlicher Schnelligkeit. Häufig verändert sie ihre Umrisse bedeutend. So zieht das Thier z. B. das meist von blassen Fettkugeln ganz gefüllte Parenchym aus der hintern Körperhälfte nach der Körpermitte hinauf, die nun kugelförmig anschwillt; dabei verkürzt sich der Hals oft beträchtlich und das hintere Drittel des Körpers, das vollkommen durchsichtig und platt geworden ist, bekommt Längsfalten. Mit so veränderter Gestalt schwimmt das Thier oft lange Zeit umher.

L. elegans erreicht eine Länge von höchstens 0,185 mm. Die meisten von mir beobachteten Exemplare massen 0,160—0,170 mm. — Theilung wurde nicht beobachtet, dagegen Conjugationszustände. In denselben waren zwei Thiere mit ihren Vorderenden fest mit einander verwachsen. Ich verfolgte ein so vereinigtes Paar mehrere Stunden ohne Veränderungen an ihm wahrzunehmen.

**Conchophthirus curtus** n. sp. (Taf. XXXI, Fig. 2).

Körper formbeständig, ovalrund, wenig länger als breit; der rechte Seitenrand stark gewölbt, der linke etwas abgeplattet. Peristomausschnitt sehr klein und dicht vor der Mitte des linken Seitenrandes gelegen, führt in einen sanft abwärts gebogenen und bis weit in die rechte Körperhälfte hineinragenden Schlund. Nucleus einfach, oval, mit einem oder zwei Nucleolus, liegt in der Mitte des Körpers an der Unterseite des Schlundes.

Diese Art fand ich in Gesellschaft des bekannten Conchophthi-

1) Von Metopus *Clap.* kenne ich nur eine ziemlich kleine Art, die vielleicht von M. sigmoides verschieden ist. Sie erreicht nur eine Grösse von 0,15 mm., ist hinten nicht S-förmig nach rechts umgebogen, besitzt am Hinterende einige längere Borsten und in der Körpermitte einen meist gekrümmten nierenförmigen Nucleus. Metopus besitzt eine adorale Wimperreihe von stärkeren, kurzen Borsten, die jedoch seltsamer Weise nicht auf der oberen, sondern auf der unteren Seite des langen Peristomausschnittes befestigt ist. Der obere Rand des Peristoms trägt wie auch die ganze Vorderhälfte des Körpers die gewöhnlichen Wimpern.

rus[1]) Anodontae *Stein* (Leucophrys Anodontae *Eb.*), Taf. XXXI, Fig. 3, im Körperschleim von Unio crassus. Da ich zwischen beiden Formen keine Uebergangsstufen finden konnte, und beide sich in mehreren Punkten wesentlich unterscheiden, glaube ich sie für verschiedene Arten halten zu müssen. Conch. Anodontae ist bedeutend gestreckter als C. curtus, nach vorn und hinten stärker verschmälert, oft mehr als doppelt so lang als breit, sein Peristomausschnitt ist sehr gross, und sein meist kugelrunder Nucleus liegt gewöhnlich in der hinteren Körperhälfte nahe an einem der beiden Körperränder. Der untere Rand des Schlundes setzt sich bei C. Anodontae als eine feine erhabene Linie bis über die Mitte des weiten Peristomfeldes fort. Das Parenchym dieser Art war gewöhnlich ganz gleichmässig von kleinen Körnchen erfüllt, während bei C. curtus die hintere Körperhälfte lauter grössere runde Ballen von Nahrungsstoffen enthielt. In der Vorderhälfte des letzteren Thieres fanden sich stets zahlreiche dunkele Körnchen zu einem halbkugelförmigen, scharf contourirten Körper vereinigt, der fast die ganze Vorderhälfte des Thieres ausfüllte und hinten von der oberen Wand des Schlundes begrenzt wurde. Bei C. Anodontae fanden diese Körneranhäufungen nur zuweilen und in viel geringerem Maasse als bei C. curtus statt. Beide Thiere zeichnen sich noch durch eine kurze Reihe von etwa sechs kräftigeren Wimpern aus, welche dicht vor dem Hinterende auf der Bauchseite eingepflanzt sind. Der ganze Körper ist sehr fein und scharf gestreift, auf dem Rücken grade in der Längsrichtung; auf der Bauchseite beginnt die Streifung an dem linken Rande des Vorderkörpers bis zum Peristomausschnitt, und zieht sich von hier bogenförmig, dem rechten Körperrand parallel laufend bis zum Hinterende. — Der contractile Behälter von Conchophth. Anodontae und curtus liegt hinter der Mitte in der linken Körperhälfte, nimmt während der Systole bei C. curtus deutlich Rosettenform an, und zerfällt auch bei C. Anodontae in einzelne kleinere, unregelmässig neben einander liegende Räume. Bei letzterem Thier erkannte ich auch deutlich über dem contractilen Behälter eine runde, ziemlich grosse Oeffnung[2]) nach aussen.

1) Die Gattung Conchophthirus ist zuerst von *Stein* (Sitzungsber. d. k. böhm. Ges. d. Wissensch. vom 24. Juni 1861) begründet worden. Bei Conch. Steenstrupii, einem von *Steenstrup* auf den Fühlern von Succinea amphibia entdeckten und von *Stein* (Sitzungsber. vom 24. Juni 1861. Späterer Zusatz vom 10. Juli) als wahres Infusorium charakterisirten Thier, traf ich einmal neben den gewöhnlichen sieben Kernen noch zwei andere denselben völlig gleiche Gebilde, die mit lebhaft wogenden Wimpern besetzt waren. Sie lagen in der Vorderhälfte des Körpers und schienen einen contractilen Raum zu besitzen.

2) Am deutlichsten vermochte ich bisher bei colossalen Exemplaren der Acineta Opercularíae die Mündung des contractilen Raums nach aussen zu beobachten. Sie besteht hier in einem feinen deutlich von zwei Linien begrenzten Canal, der von den contractilen Behältern, welche nie unmittelbar an der Oberfläche des Thieres liegen, in grader Linie nach aussen führt. *Steins* Ansicht, dass die contractilen Behälter Organe seien, durch welche das überflüssige Wasser, welches

Die Grösse von Conch. curtus beträgt etwa 0,12 mm. C. Anodontae schwankt zwischen 0,12 mm. u. 0,20 mm. — Theilung wurde nicht beobachtet. Bei C. Anodontae fand ich ein Exemplar, in dessen gestrecktem Nucleus eine scharfbegränzte homogene Kugel lag, die fast halb so gross wie der Nucleus war. Bei einem andern Individuum lag getrennt vom Kern eine grosse homogene Kugel in der linken Seite der hinteren Körperhälfte.

**Microthorax** nov. gen. (Taf. XXXI, Fig. 4—6).

Körper gepanzert, plattgedrückt, fast oval, hinten breit abgerundet, gleichförmig bewimpert. Mund in einer rundlichen Peristomvertiefung in der linken Körperhälfte dicht vor dem Hinterende gelegen. Nucleus und contractiler Raum einfach. Kleine Thiere.

1. M. pusillus n. sp. (Taf. XXXI, Fig. 4). Eine der kleinsten holotrichen Infusorienformen, die nicht gerade selten zu sein scheint. Ich entdeckte sie zuerst Anfang October 1860 in einem kleinen, stark mit Wasserlinsen bewachsenen Graben des Dorfes Leutzsch bei Leipzig, und habe sie seitdem an verschiedenen anderen Localitäten wiederholt gefunden. Sie tritt oft in grosser Zahl auf und lebt meist in Gesellschaft von kleinen Chilodonten, Cyclidium glaucoma, Cinetochilum margaritaceum und Pleurochilidium strigilatum *Stein*. Mit den beiden letzteren Thieren ist sie am nächsten verwandt. — Der linke Rand des starren Körpers bildet eine gerade Linie, der rechte Körperrand ist sanft gewölbt. Hinten ist das Thier breit abgerundet. An der rechten Seite der Peristomvertiefung, die sich in eine schmale gleich breite Grube bis zum Hinterrand fortsetzt, befindet sich eine lebhaft klappende Membran. Der rechte Körperrand ist wulstig verdickt, und das Bauchfeld wird von zwei am linken Vorderende beginnenden Furchen durchzogen, die sich etwa bis zur Körpermitte deutlich verfolgen lassen. Die Rückseite des Thieres zeigt keine Spur einer Streifung, ist aber dennoch wie es scheint mit Wimpern besetzt. — Der runde Nucleus liegt in der Mitte des Körpers, der contractile Behälter rechts oben am Peristom. — Die von mir beobachteten Exemplare des Thieres waren vollkommen farblos und erreichten eine Grösse von höchstens 0,032 mm.

2. M. sulcatus n. sp. (Taf. XXXI, Fig. 5—6). Bedeutend grösser als die vorige Art, von derselben Gestalt; der Rücken von drei tiefen Längs-Furchen durchzogen. Die Bauchrinnen setzen sich bis zum Hinterrande fort. Der con-

durch die Mundöffnung aufgenommen wird, wieder nach aussen befördert wird, scheint die natürlichste zu sein. Doch wäre es immerhin möglich, dass bei einzelnen Arten, die deutliche den Körper durchziehende contractile Gefässe und Canäle zeigen, diese Organe zugleich auch circulatorischen Zwecken dienten.

tractile Raum nahe am linken Seitenrand senkrecht über dem Peristomausschnitt gelegen.

Von dieser Art, die von der vorigen sogleich durch ihre viel bedeutendere Grösse und die tiefen Rückenfurchen zu unterscheiden ist, fand ich am 18. Oktober 1861 ein einziges Exemplar. Dasselbe stammte von einem Wiesensumpf bei Göhren unweit Leipzig und war mit aufgelösten grünen Farbestoffen erfüllt. Seine Grösse betrug 0,057 mm. Längs des fast schnurgeraden linken Seitenrandes zog sich eine dichtere Zone der gewöhnlichen Körperwimpern hin, die ich bei M. pusillus noch nicht bemerken konnte.

Beide Arten schwimmen lebhaft, und immer auf der Bauchseite hin; gern klettern sie an fremden Gegenständen umher und bleiben dann auch wol eine kurze Weile ruhig stehen, so dass man Zeit hat ihre Organisation zu ermitteln. Man hüte sich, namentlich Microth. pusillus mit den kleinen Individuen von Chilodon zu verwechseln, denen er in den Umrissen zuweilen sehr nahe kommt.

**Drepanostoma** n. gen. (Taf. XXXI, Fig. 7.)

Körper formbeständig, biegsam, langgestreckt, vorn und hinten nach links sanft verschmälert, mit planer Bauch- und gewölbter Rückseite. Die ganze Bauchseite in Längsreihen mit gleichlangen Wimpern besetzt, die glatte Rückseite trägt nur längs der beiden Seitenränder eine Reihe steifer borstenförmiger Wimpern. Mund unter einer fast sichelförmigen Hornleiste unweit des Vorderendes dicht am linken Seitenrande gelegen. Zwei Kerne mit je einem Nucleolus; kein scharf umschriebener contraktiler Raum.

D. striatum n. sp. Ich kenne bisher nur eine einzige Art dieser eigenthümlichen Gattung, die sich einerseits den holotrichen Amphilepten, andererseits den hypotrichen Ciliaten wie z. B. Chilodon nähert. Wegen ihrer fast ausschliesslich auf die Bauchseite beschränkten Bewimperung muss sie zu der Klasse der hypotrichen Infusionsthiere gestellt werden. Wie bei diesen ist auch der After von Drepanostoma auf der Rückseite, ein ziemliches Stück vor dem Hinterende gelegen. Der Körper des Thieres ist langgestreckt, etwa vier- bis fünfmal länger als in der Mitte breit, vorn und hinten nach links etwas zugespitzt und auf der Bauchseite von ungefähr acht bis zehn tiefen Längsstreifen durchzogen, durch die der Vorderrand gekerbt erscheint. — Vom linken Vorderende zieht sich ziemlich parallel mit dem linken Körperrande auf der Bauchseite eine vorspringende sichelförmige, meist bräunliche, feste Leiste. Dieselbe erweitert sich in der Mitte, ist hier zuweilen stumpf gezähnelt, und setzt sich dann schräg nach innen in einen zugespitzten hornigen Stiel fort, der im Parenchym endigt. Jedenfalls liegt unter der mittleren

Erweiterung der Leiste der Mund, den ich jedoch nie direct beobachte. Der Stiel jenes hornigen Apparates kann wol kaum als eine dem Schlunde der Chlamydodonten vergleichbare Röhre aufgefasst werden. — Die Bauchseite ist dicht mit ziemlich langen, feinen Wimpern besetzt, und längs der beiden Seitenränder ziehen sich auf der sonst glatten und unbewimperten Rückseite zwei Reihen weitläufig stehender, ziemlich steifer Wimpern hin, die am Vorderende des Thieres etwas hakenförmig nach hinten gekrümmt sind. Diese Wimpern entsprechen jedenfalls den bei allen Oxytrichinen vorkommenden und von *Lieberkühn* bei Stylonychia mytilus und pustulata entdeckten feinen Rückenborsten. — Drepanostoma besitzt zwei kleine runde Kerne, die in der rechten Körperhälfte etwa am Ende des ersten und zweiten Körperdrittels liegen. Neben jedem derselben befindet sich ein kleiner ovaler Nucleolus.

Eine scharf umschriebene, regelmässig contraktile Stelle vermochte ich noch nicht aufzufinden, es schienen an ihrer Statt einige langsam veränderliche unklar begränzte Hohlräume im Parenchym da zu sein. Letzteres, in dem selten grössere Nahrungsstoffe zu finden sind, zeichnete sich gewöhnlich durch eine etwas rothbräunliche Färbung aus.

Die Grösse von Dr. striatum schwankt zwischen 0,185 mm. und 0,25 mm. Theilungszustände wurden nicht bemerkt. Ich entdeckte das Thier am 2. Oct. 1861 in einem mit Lemna trisulca und Nuphar luteum reich bewachsenen schattigen Tümpel an der sogen. Waldstrasse bei Leipzig. Seine Bewegungen sind stetig, ziemlich schnell; es schwimmt nur auf der Bauchseite, klettert und schmiegt sich gern um fremde Gegenstände, wobei der Körper mannichfach gebogen und gewunden wird.

### **Gastrostyla** nov. gen. (Taf. XXXI, Fig. 8—9.)

Körper formbeständig, elliptisch, nach vorn verschmälert, hinten mehr oder weniger stumpf abgerundet. Fünf bis sechs starke griffelförmige Stirnwimpern, eine Reihe borstenförmiger Wimpern zieht sich von rechts vorn quer über die Bauchseite bis zu den vier oder fünf starken Afterwimpern, von denen nur wenige den Hinterrand überragen. Die zwei Randwimperreihen werden nach hinten zu länger und stärker und gehen ineinander über. Ausserdem einzelne Bauchwimpern. Keine borstenförmigen Endwimpern. Vier Kerne.

G. Steinii n. sp. Dies Thier, das ich seit dem Januar 1860 kenne, gehört unter die grösseren der bekannten Oxytrichinen. Ich entdeckte dasselbe im sogen. Diebesgraben in Leipzig und habe es seitdem unablässig theils frei theils encystirt aufbewahrt. Trocknete, was sehr oft geschah, das Gefäss aus, in dem sich die Thiere befanden, so erhielten sich dennoch ihre Cysten monatelang vollständig unversehrt. Goss ich dann neues Wasser zu, so erschienen schon am nächsten Tage wieder zahlreiche freie Thiere, die die gewöhnliche Bewimperung zeigten. —

Der formbeständige, fast gepanzerte Körper von Gastrostyla ist elliptisch, etwa zwei und ein halbmal so lang als breit, hinten stumpf zugespitzt, nach vorn und besonders nach links zu ziemlich schnell verschmälert. Das Stirnfeld wird von einer halbmondförmigen Oberlippe gekrönt; das Peristomfeld ist ziemlich schmal, sein innerer leistenförmig erhabener Rand, der eine sehr starke undulirende Membran trägt, hält ungefähr die Richtung und Lage der Längsaxe ein, und erstreckt sich bis etwas über das erste Drittel des Körpers heraus. Die adoralen Wimpern sind verhältnissmässig stark, und setzen sich in einen kleinen häutigen Schlund fort. Der linke Rand des Peristomfeldes ist längs der adoralen Wimperreihe mit feinen Wimperchen besetzt. Auf dem Stirnfeld stehen drei vordere sehr kräftige griffelförmige Wimpern, und hinter ihnen in einer von rechts nach links steil ansteigenden Reihe drei (selten zwei oder vier) wenig schwächere Wimpern. Das charakteristische Kennzeichen des Thieres ist aber eine lange Reihe von starken borstenförmigen Wimpern, die in der rechten Vorderhälfte beginnt, da wo die ersten adoralen Wimpern stehen, und sich in sanftem Bogen, ziemlich die Richtung der Mittellinie einhaltend, bis zu den starken Afterwimpern fortsetzt. Vor diesen befinden sich noch zwei stärkere schräg gestellte griffelförmige Wimpern, so wie hinter dem Mundwinkel links von der Bauchwimperreihe eine bis drei kräftige Wimpern. Die Afterwimpern, vier bis fünf (selten sechs) an der Zahl, sind stark, ragen nur theilweis über den Hinterrand empor und stehen in einer von rechts nach links aufsteigenden Reihe. — Die Randwimpern sind nahe am Rande eingefügt, werden hinten länger und breiter und beide Reihen gehen hier meist ohne merkliche Unterbrechung in einander über. — Ein auffallendes Kennzeichen unserer Art, das sie sofort von Stylonychia, Oxytricha u. a. unterscheiden lässt, sind die vier wie bei Onychodromus in der linken Körperhälfte hinter einander liegenden Kerne, deren jeder einen Nucleolus besitzt.

Wegen der rastlosen, ununterbrochenen Bewegungen des Thieres, das schnell und nie lange in einer Richtung schwimmt, vermochte ich bisher noch keines jener äusserst feinen Börstchen zu erkennen, die bei den Oxytrichinen auf der Rückseite der Seitenränder eingefügt sind. Sie sind desshalb auch auf den Zeichnungen weggelassen, werden jedoch in der Natur schwerlich fehlen.

Die Theilung geht nach den von *Stein* bei Stylonychia mytilus und bei anderen Oxytrichinen ermittelten Gesetzen vor sich. Die vier Kerne verschmelzen zu einem einzigen grossen Körper, der dann später nach und nach in acht Theile zerfällt, von denen jeder Theilungssprössling vier erhält. Bei diesem Zerfall des Nucleus bilden sich nicht selten in der Mitte der sich theilenden Segmente spaltförmige Höhlen, die nicht mit den oben erwähnten ähnlichen Erscheinungen im Nucleus der Aspidiscen, Euploten und Oxytrichinen zu verwechseln sind. Die Höhlen, welche sich während der Theilung der Nucleussegmente bilden, entstehen eben nur durch Trennung der Kernsubstanz in zwei Hälften, die noch so lange äusserlich zusammenhaften, bis die von aussen eindringende Theilungsfurche die Nucleusmembran durchschnitten hat.

Die Cysten von Gastrost. Steinii (Taf. XXXI, Fig. 9) sind denen von Styl. mytilus ähnlich, doch im ausgebildeten Zustand etwas zackiger. — Die Grösse des Thieres schwankt zwischen 0,15 mm. und 0,32 mm.

Iu Gesellschaft von Gastrostyla, neben der sonst nur noch Cyclidium glauçoma vorkam, fanden sich zuweilen sehr kleine, runde Acineten, die den Embryonen von Stylonychia mytilus glichen. Vielleicht waren es Embryonen von Gastrostyla; doch vermochte ich keine Exemplare mit Embryonalkugeln zu finden.

**Pleurotricha setifera** n. sp. (Taf. XXXI, Fig. 10).

K ö r p e r  f o r m b e s t ä n d i g,  l a n z e t t l i c h.  F ü n f  g r i f f e l f ö r m i g e  u n d  v i e r  b i s  s e c h s  b o r s t e n f ö r m i g e  S t i r n w i m p e r n;  e i n e  L ä n g s r e i h e  v o n  f ü n f  b i s  s e c h s  W i m p e r n  i n  d e r  M i t t e  d e s  B a u c h f e l d e s;  j e d e r s e i t s  n u r  e i n e  R e i h e  v o n  R a n d w i m p e r n,  d i e  a m  H i n t e r e n d e  i n  e i n a n d e r  ü b e r g e h e n.

Ich lernte diese Art im August 1861 kennen, und traf sie bisher nur in wenigen Exemplaren an einer ruhigen, mit Wasserlinsen bedeckten Stelle des Elsterflusses bei Leipzig. Sie unterscheidet sich von den bereits bekannten Pleurotrichen (Pl. grandis St. und lanceolata St.) durch den Mangel einer zweiten und dritten Reihe von Seitenwimpern, sowie durch den Besitz einer zusammenhängenden, längeren Reihe von Bauchwimpern. Im Uebrigen stimmt sie in Hinsicht des Körperbaues und namentlich auch in der Anordnung der Afterwimpern, die in zwei Gruppen getrennt sind, so vollkommen mit den von *Stein* beschriebenen Pleurotrichen überein, dass ich sie ohne Bedenken zu dieser Gattung stelle. Die von *Stein* gegebene Diagnose von Pleurotricha würde dann nur etwas weiter zu fassen sein.

Die adorale Wimperreihe unserer Art reicht bis kurz vor die Körpermitte, und auf dem Peristomfeld, dessen leistenförmig erhabener rechter Rand eine starke undulirende Membran trägt, befindet sich in der Mitte noch eine zweite kürzere, bis zum Schlund reichende undulirende Membran. Dieselbe kommt, jedoch nicht ganz regelmässig, auch bei Pleurotricha lanceolata, Urostyla und Onychodromus vor, wo sie auch bereits von *Stein* entdeckt, aber als Mundspalte gedeutet worden ist.

Pl. setifera schwimmt lebhaft umher, steht selten still und ich vermochte desshalb auch bei diesem Thier noch nicht jene feinen borstenförmigen, auf der Rückseite eingefügten Randwimpern zu finden, die sonst bei allen Oxytrichinen vorkommen[1]). Die von mir beobachteten Exemplare unserer Art massen etwa 0,27 mm.

**Uroleptus mobilis** n. sp. (Taf. XXXI. Fig. 11—12).

Körper formbeständig, biegsam; drehrund, etwa zwölfmal so lang als breit, nach hinten allmählich stumpf zugespitzt. Randwimpern überall gleich lang. Sechs längliche Kerne.

Diese Art, welche aus dem Boticzbach bei Prag stammt, unterscheidet sich von den durch Stein genau bekannt gewordenen Urolepten sogleich durch das constante Vorkommen von sechs hintereinander liegenden Kernen. Sie steht *Stein's* Uroleptus rattulus am nächsten, ist jedoch nicht wie diese Art hinten scharf zugespitzt und ihre Randwimpern behalten auch gegen den Schwanz hin gleiche Länge. Die adorale Wimperreihe hat etwa den neunten Theil der Körperlänge; an ihrer inneren Seite ist eine undulirende Membran befestigt; ein Peristomfeld scheint gar nicht zu existiren, oder doch nur äusserst schmal zu sein. Ob wie bei den übrigen Urolepten zwei Längsreihen feiner Bauchwimpern vorhanden sind, vermochte ich nicht zu ermitteln, da sich die Thiere sehr lebhaft bewegen und gern schlangenförmig besonders zwischen Pflanzenresten umherkriechen.

Unsere Art, die übrigens in grosser Zahl auftrat, misst durchschnittlich 0,30 mm. Meist waren alle Exemplare von gleicher Grösse. Theilung wurde nicht beobachtet.

**Uroleptus agilis** n. sp. (Taf. XXXI, Fig. 13).

Körper formbeständig, breit spindelförmig, etwa vier- bis fünfmal so lang als in der Mitte breit, nach hinten allmählich zugespitzt. Vier griffel- und drei borstenförmige Stirnwimpern; hinter dem Mundwinkel noch mehrere vereinzelte Bauchwimpern. Zwei weit nach innen gerückte

1) Bei Stichotricha sind diese Wimpern sehr lang und fein, und eigenthümlicherweise nur auf der Vorderhälfte des linken und dem vordersten Stück des rechten Seitenrandes befestigt, was auch *Claparède* von seiner Gattung Stichochaeta angiebt. Die adoralen Wimpern dieses Thieres sollen aber nach *Claparède's* Darstellung nach der Spitze des halsartigen Vorderkörpers zu immer kürzer werden, während ich finde, dass sie, genau wie *Stein* bei Stichotricha abbildet, vorn am stärksten sind. Die vorderste, rechts an der Spitze des Halses stehende adorale Wimper ist oft weit nach rechts gerichtet und gleicht daher dem spitzen Horne von Stichochaeta cornuta *Clap.* auffallend. Die Verwandtschaft von Stichochaeta *Clap.* mit Stichotricha ist somit sehr gross und es dürfte, wie *Stein* bereits vermuthet, nothwendig sein beide Arten in eine Gattung zu stellen. Wahrscheinlich wird das »Horn« von Stichochaeta cornuta nur die vorderste der adoralen Wimpern gewesen sein.

Reihen von Randwimpern die an der stumpfen Spitze des Schwanzes durch einige starke Endwimpern miteinander verbunden sind.

Es bildet diese Art offenbar ein Mittelglied zwischen den Gattungen Uroleptus und Oxytricha. Der ersteren Gattung nähert sie sich durch ihren ganzen Körperbau, der zweiten mehr durch ihre Bewimperung. Es wird vielleicht später nöthig sein, sie zu einer eigenen Gattung zu erheben. — Ich entdeckte das Thier im Mai 1860 im Salzsee[1]) bei Eisleben; es trat massenhaft auf und hat sich seitdem in seinen Cysten fortwährend erhalten.

Der Körper des Thieres ist gewöhnlich vor der Mitte am breitesten, nach hinten zu gleichmässig verschmälert, vorn stumpf zugerundet. Die adorale Wimperreihe hat etwa den vierten bis fünften Theil der Korperlänge, das Peristomfeld ist ziemlich gross. Die Randwimpern sind sehr weit nach innen gerückt und laufen ziemlich parallel miteinander bis fast zum äussersten Ende des Schwanzes, wo einige starke Wimpern stehen, die man mit den Afterwimpern der Oxytrichen vergleichen kann. Ebenso gut kann man sie aber auch als stärkere Randwimpern ansehen.

Das Thier schwimmt stetig, ziemlich schnell, in häufig wechselnder Richtung, krümmt sich beim Zurückfahren oft sehr zierlich und hat meist eine schwach röthlichbraune Färbung. — Es wechselt bedeutend in der Grösse; ich fand Exemplare von 0,075—0,24 mm. Die Cysten sind rund, nicht gezackt und messen durchschnittlich 0,05 mm.

**Oxytricha**[2]) **strenua** n. sp. (Taf. XXXI, Fig. 14).

Körper metabolisch, lanzettlich, nach vorn stärker, nach hinten schwächer verschmälert. Die adorale Wim-

1) Die Infusorien-Fauna des Salzsees bei Eisleben, den ich im Mai 1860 besuchte, ist eine sehr reichhaltige. Sie unterscheidet sich jedoch nicht wesentlich von der unserer süssen Binnengewässer. Die von mir im Salzsee beobachteten Arten sind: Vorticella microstoma, convallaria (= nebulifera?), Carchesium polypinum, Zoothamnium affine, Opercularia stenostoma, eine Cothurnia der Wasserlinsen, Chilodon cucullulus, Trochilia palustris, Aspidisca lynceus und costata, Euplotes charon und patella, Stylonychia mytilus und pustulata, Stichotricha secunda (= Stichochaeta?), Oxytricha pellionella, fallax, Uroleptus agilis, Panophrys (Bursaria) flava, Pleuronema chrysalis, Cyclidium glaucoma, Glaucoma scintillans, Cinetochilum margaritaceum, Paramecium bursaria, aurelia und ambiguum, Coleps hirtus und mehrere Enchelys- u. Trichoda-Arten.

1) Unter den Arten der Gattung Oxytricha (zu der auch Stylonychia echinata *Clap.* gehört) ist es namentlich Oxytr. pellionella, die leicht mit zwei häufig in ihrer Gesellschaft vorkommenden Arten verwechselt werden kann. Die erste dieser beiden Arten, welche ich Oxytr. micans nenne, besitzt einen äusserst contractilen, biegsamen Körper und hat etwa 8—10 feine Afterwimpern, von denen die nach rechts und hinten zu stehenden am stärksten sind. Sie gehen ohne Unterbrechung in die Randwimperreihen uber. Ox. pellionella besitzt nur

perreihe längs des linken Seitenrandes hinziehend, und plötzlich knieförmig nach innen gebogen. Kein deutliches Peristomfeld. Zehn griffelförmige Wimpern auf dem Stirnfeld, zwei schräge Reihen borstenförmiger Wimpern, deren eine sich bis auf die hintere Körperhälfte fortsetzt. Vier Afterwimpern. Zwei borstenförmige Endwimpern.

Dies ist eine der Oxytricha affinis *Stein* sehr nahe verwandte Art. Sie unterscheidet sich von derselben durch die bedeutend zahlreicheren und anders geordneten Wimpern sowie durch den Besitz zweier feinen Endborsten. Zwei der vier Afterwimpern sind gewöhnlich griffelförmig umgeschlagen und man könnte sie eigentlich mit demselben Rechte als Bauchwimpern bezeichnen. Die zwei Seitenränder von Oxytr. strenua sind mit äusserst feinen, kurzen, ziemlich weitläufig stehenden steifen Wimperchen besetzt, die nur bei schräger Spiegeleinstellung klar werden. Wahrscheinlich stehen diese feinen Wimpern auch in mehreren Reihen auf der Rückseite. — Das Thier erreicht eine Grösse von 0,15 mm. und wurde bisher nur zwischen Wasserlinsen in einem kleinen Graben des Dorfes Leutzsch bei Leipzig gefunden.

**Oxytricha parallela** n. sp. (Taf. XXX, Fig. 4—6.)

Körper metabolisch, überall fast gleichbreit, vorn und hinten sehr stumpf zugerundet. Adorale Wimperreihe kurz, aber ausserordentlich stark. Fünf griffel- und drei borstenförmige Stirnwimpern, fünf zerstreut stehende Bauchwimpern und ebensoviel etwas über den Hinterrand herausragende Afterwimpern. Vier kräftige Endwimpern. Mehrere Reihen dorsal eingefügter, langer, äusserst feiner Wimpern.

Erst seit August 1861 unterscheide ich diese, wie es scheint nicht gar seltene Art, die sich von allen bekannten Oxytrichen namentlich durch ihre gleichbreite Gestalt, sowie durch die vier langen Endwimpern auffallend[1]) unterscheidet. — Das Thier schwimmt lebhaft, steht nur

fünf sehr starke Afterwimpern und einen nur mässig contractilen Körper. Auch scheint Ox. micans einige Bauchwimpern mehr zu besitzen.

Die zweite mit Oxytricha pellionella nahe verwandte Form unterscheidet sich von dieser Art dadurch, dass die feinen Rückenwimpern bei ihr sehr kurz sind, während sie bei Ox. pellionella eine bedeutende Länge erreichen. Ferner sind die beiden Randwimperreihen bei Ox. pellionella weit nach innen gerückt, bei der andern Art aber, die ich Ox. similis nenne, stehen sie dicht am Rande. Letztere besitzt auch noch zwei feine, lange Borsten am Hinterende. Die übrige Bewimperung beider Arten ist gleich. Bei Ox. similis fand ich übrigens noch nicht jene zwei fettkornartigen, am Vorder- und Hinterende gelegenen Körper, die Ox. pellionella besitzt. Das letztere Thier ist auch nach hinten und vorn gleichmassig verschmälert, wahrend Ox. similis fast uberall gleich breit ist. —

1) Die dünnen borstenförmigen Endwimpern sind stets, wie bei Onychodromus, Stylonychia und Oxytricha auf der Rückseite des Hinterrandes befestigt.

bei der Theilung zeitweise still und erreicht eine Grösse von etwa 0,20 mm. — Die Theilung erfolgt nach denselben Gesetzen wie bei den übrigen Oxytrichinen; während derselben treten auch die feinen dorsalen Wimpern neu auf. — Die Conjugationszustände von Ox. parallela sind bereits oben erwähnt worden.

Neben dieser Art kommt noch zuweilen eine nach vorn und hinten etwas verschmälerte Varietät vor, die sich auch durch ein körnerloses Parenchym auszeichnet.

**Astylozoon** nov. gen. (Taf. XXXI, Fig. 16—17).

Körper contraktil, ungestielt, fast glockenförmig, mit scharf zugespitztem und nach der Rückseite geneigten Hinterende. Oberfläche glatt; ein vorstreckbares mit einer Wimperspirale besetztes Wirbelorgan; Peristomrand wulstig verdickt. Am Hinterrande eine oder zwei starke Schnellborsten. Nucleus kurz nierenförmig.

Die einzige mir bekannte Art dieser neuen Vorticellinengattung ist

A. fallax n. sp. Ich entdeckte dieselbe im März 1860 an einer ruhigen Stelle des Elsterflusses bei Leipzig und erhielt sie drei Monate lang in einem Gefäss. Neben ihr kam kein einziges anderes Infusorium, nicht einmal Cyclidium glaucoma vor. Das Thier gleicht auf den ersten Blick einer von ihrem Stiel getrennten Vorticella microstoma, unterscheidet sich aber von derselben durch das gebogene zugespitzte Hinterende, das schräg nach der Rückseite ansteigende Wirbelorgan, den kleinen nierenförmigen Nucleus und die am Hinterrande eingefügten Schnellborsten, mittelst deren das Thier Bewegungen ausführt, die keine von ihrem Stiel losgerissene Vorticelle zu machen vermag. Es schwimmt rotirend, nicht schnell, ziemlich gerade aus mit fortwährenden Schwankungen und schnellt sich häufig mittelst der hinteren Borsten ruckweis ein Stück fort. — In der Cuticula des Körpers, welche oft feine parallele Querkreise zeigt, liegen zahlreiche runde Körperchen (von etwa 0,001 mm. Grösse), die man auch bei anderen Vorticellinen, namentlich bei Vorticella microstoma findet. — Häufig encystirt sich das Thier und seine Cysten gleichen dann äusserlich vollkommen den Cysten von Vort. microstoma; zerdrückt man sie aber oder behandelt sie mit Essigsäure, so sieht man dass der Nucleus nicht wie bei jener Art lang hufeisenförmig, sondern sehr kurz und nierenförmig ist.

Astylozoon erreicht eine Grösse von höchstens 0,10 mm., die Cysten messen meist 0,038—0,05 mm.

**Carchesium aselli** n. sp. (Taf. XXX, Fig. 14—17).

Körper mehr oder weniger langgestreckt, nach vorn verschmälert, der contraktile Raum zwischen Vorhof und

Bauchseite gelegen. Der muskelartige Stielstreif nicht von einer Seite zur andern gewunden, sondern genau die Längsaxe des meist sehr kräftigen Stieles einhaltend. Die Nebenäste des letzteren gewöhnlich länger als die Hauptäste.

Auf den Füssen, an den Seiten und Fühlern der Wasserassel häufig. Ich fand das Thier zuerst im Oktober 1859, später wieder im Februar, April und Juli 1860 und im März 1861. Es unterscheidet sich von den bereits bekannten Carchesien sofort durch seine meist gestreckte, fast gleichbreite Form[1]) und die Lage des contrahirenden Stielstranges.

Ueber seine Fortpflanzung durch Embryonen und die damit verbundenen Erscheinungen ist weiter oben schon berichtet worden. — Das Thier erreicht eine Grösse von etwa 0,10 mm., kommt jedoch auch in viel kleineren Exemplaren vor. Es bildet selten Stöcke von mehr als zwölf Individuen. Meist fand ich nur solche von zwei bis vier Thieren.

**Epistylis nympharum** n. sp. (Taf. XXXI, Fig. 17—18).

Körper gestreckt, nach vorn verschmälert. Schlund beinah senkrecht, fast bis zur Körpermitte reichend und knieförmig nach der Bauchseite gebogen. Contraktiler Raum zwischen Vorhof und Bauchseite gelegen. Nucleus lang bandförmig. Auf Fliegenlarven.

Diese niedliche Art, welche der Epistylis digitalis am nächsten steht, fand ich in den letzten Tagen des Juli 1861 in wenig zahlreichen Stöcken auf Fliegenlarven in einem kleinen mit Wasserlinsen besetzten Teich am Brandvorwerk bei Leipzig. Sie erreicht eine Grösse von 0,15 mm. und sitzt auf ziemlich dicken Stielgerüsten. Vortrefflich liessen sich die Gestalt und innere Beschaffenheit des Vorhofes und Schlundes beobachten; ich vermochte jedoch nicht, die adoralen Wimpern bis zum Eintritt in den Schlund zu verfolgen, sondern erkannte nur vereinzelt stehende stärkere Borsten. Dasselbe war auch bei anderen grossen Vorticellinen der Fall, namentlich bei Opercularia articulata, deren äusserst complicirten Ernährungsapparat ich mehrere Tage lang anhaltend untersuchte.

---

Nachträglich sei noch bemerkt, dass ich neuerdings auch den Conjugationsprocess von Stylonychia mytilus mehrmals direct in seinem ganzen Verlaufe verfolgte. Auch bei Styl. mytilus bildet sich auf jedem der conjugirten Thiere ein vollkommen neues Wimpersystem und überhaupt

1) Die Körperform kann übrigens bei den Vorticellinen meist nur als ein untergeordnetes Merkmal dienen, da sie bei vielen Arten sehr veränderlich ist, und selbst ein einzelnes Individuum in kurzer Zeit sich so total verändern kann, dass man eine ganz andere Art zu sehen meint.

stimmt der ganze Vorgang mit dem oben bei Stylonychia pustulata geschilderten genau überein. — Ferner erkannte ich bei Paramecium aurelia die vier Kapseln, in welche der Nucleolus während der Conjugation zerfällt, und beobachtete conjugirte Exemplare von Paramecium bursaria, deren Kern in eine grosse Zahl kleiner kugliger Segmente zerfallen war, während der Nucleolus sich zu vier länglichen mit streifiger, lichtbrechender Substanz erfüllten Kapseln entwickelt hatte.

Leipzig im October 1861.

---

## Erklärung der Abbildungen.

Taf. XXVIII—XXXI.

Vergrösserung: $\frac{300}{1}$.

### Tafel XXVIII.

Fig. 1. C y c l i d i u m g l a u c o m a *Eb.* in Conjugation.
Fig. 2. L a c r y m a r i a e l e g a n s n. sp. — Fig. 2*a*, Nucleus und Nucleolus desselben Thieres.
Fig. 3. Dieselbe Art in Conjugation.
Fig. 4. C h i l o d o n c u c u l l u l u s *Eb.* in Conjugation.
Fig. 5—11. Verlauf der Conjugation bei E u p l o t e s c h a r o n *Eb.*
Fig. 5. Beginn der Conjugation. Zwei Thiere haben sich mit den linken Seiten ihrer Bauchflächen aneinandergelagert und sind theilweis miteinander verwachsen.
Fig. 6. Spätere Entwickelungsstufe. Es bildet sich auf der hinteren Bauchfläche der conjugirten Thiere ein vollständig neues Wimpersystem.
Fig. 7. Zwanzig Minuten später. Das neue Wimpersystem dehnt sich immer mehr aus. Die beiden Thiere trennen sich. (Häufig findet die Trennung jedoch erst statt, wenn beide Thiere die in Fig. 8 abgebildete Stufe erreicht haben.)
Fig. 8. Zehn Minuten später. Das neue Wimpersystem hat das alte fast vollständig verdrängt.
Fig. 9. Dreissig Minuten später. Die alten Wimpern sind ganz verschwunden. *x*, ein Theil des früheren Kernes (?).
Fig. 10. Sechs Stunden später. *x* rückt mehr nach der Mitte des Bauchfeldes und nimmt an Umfang und Durchsichtigkeit zu.
Fig. 11. Achtzehn Stunden später. *x* ist ganz nach vorn gerückt und nimmt den grössten Theil des gesammten Bauchfeldes ein. Letzteres wird beiderseits durch eine ununterbrochene stark vorspringende Leiste begränzt. Ebenso zieht über die Mitte des Bauchfeldes eine scharfe Rippe.
Fig. 12—20. Conjugation von S t y l o n y c h i a p u s t u l a t a *Eb.*
Fig. 12—14. Verschmelzungsprocess von Styl. pustulata
Fig. 12 Beginn der Conjugation. Das Thier rechts hat ein anderes mittelst seiner adoralen Wimpern gepackt. *a* der wie bei allen Oxytrichinen stets dorsal gelegene After.
Fig 13 Eine etwas spätere Entwickelungsstufe. Beide Körper sind bereits durch eine Brücke ihrer Körpersubstanz miteinander verbunden.

Fig. 14. Dieselben Thiere neun Stunden später. Beide Thiere sind bis auf die Hinterenden miteinander verschmolzen.

Fig. 15—20. Verlauf der anderen Art der Conjugation bei Styl. pustulata.

Fig. 15. Bei zwei blos mit den Vorderhalften ihrer Körper verschmolzenen Thieren beginnt sich ein neues Wimpersystem zu bilden. (Vgl. dieselben Vorgange bei Euplotes charon, Fig. 6—11.)

Fig. 16. Dieselben Thiere 1 Stunde 50 Min. später.

Fig. 17. Dieselben nach weiteren zehn Minuten.

Fig. 18 *a* u. *b*. Zehn Minuten später. Beide Thiere haben sich getrennt.

Fig. 19. Eigenthümlicher Zustand der Styl. pustulata, der aus dem eben abgebildeten Process hervorgeht. (Vgl. Euplotes charon, Fig. 6—11.)

Fig, 20. Dasselbe Thier 2 Stunden 25 Minuten später. Der centrale Kern hat sich getheilt. Das Thier geht allmählich wieder in die gewöhnliche Form der Stylonychia pustulata über.

Fig. 21. Sonderbarer Zustand der Stylonychia pustulata. (Diagonale Theilung?) Die Kerne beider Thiere bilden einen langen ununterbrochenen Strang.

## Tafel XXIX.

Fig. 1—3. Stylonychia pustulata im Encystirungsprocess. (Vgl. *Stein*, Organismus der Infusionsth. Taf. IX, Fig. 7, 14 u. 15.)

Fig. 4—6. Conjugation (vollständige Verschmelzung) von Stylonychia histrio *Ehrenb.*

Fig. 4. Beginn der Conjugation. (Vgl. Styl. pustulata, Taf. XXVIII, Fig. 12.)

Fig. 5. Dieselben Thiere sechs Stunden später.

Fig. 6. Zehn Stunden später. Beide Thiere sind zu einem einzigen Individuum verschmolzen. Der Kern ein dicker, langer Strang; daneben drei Nucleolus.

Fig. 7. Eigenthümlicher Zustand der Stylon. histrio. Die drei Kugeln verschmelzen nach und nach zu einer einzigen grossen Kugel mit körnigem Kern.

Fig. 8—12. Embryonalbildung und Entwickelung der Keimkugeln bei Stylonychia mytilus *Eb.*

Fig. 13. Cyste der Podophrya fixa (Orcula *Weisse*) häufig im Innern der Mutterthiere von Stylonychia mytilus angetroffen. (Vgl. Fig. 9.)

## Tafel XXX.

Fig. 1. Conjugationszustand von Pleurotricha lanceolata *Stein.*

Fig. 2. Zustand der Pleur. lanceolata der aus der einen (mit Längstheilung endenden) Art der Conjugation hervorgeht. (Vgl. Taf. XXVIII, Fig. 6—11. u. Fig. 15—20.)

Fig. 3. Cyste desselben Thieres.

Fig. 4. Oxytricha parallela n. sp. von der Bauchseite.

Fig. 5. Dieselbe Art von der Rückseite. Man erkennt mehrere Reihen langer und äusserst feiner Rückenwimpern.

Fig. 6. Conjugationszustand von Ox. parallela.

Fig. 7. Conjugationszustand von Oxytricha ferruginea *Stein.*

Fig. 8. Onychodromus grandis *Stein.* Ueber das Peristomfeld zieht sich ein von wulstiger Rändern eingefasster Spalt, der sich in einen Kanal fortsetzt.

Fig. 9. Dasselbe Thier bei Beginn der Theilung. Jeder Kern besitzt eine quere Höhle. Der Spalt auf dem Peristomfeld ist lang und nach innen scharf zugespitzt.

Fig. 10 u. 11. Verschiedene Zustände der Nucleus und Nucleolus bei Stylonychia mytilus *Eb.*

Fig. 12. Blepharisma lateritia *Perty* (*Stein*) mit Spermatozoenballen. — 12 *a* herausgedrückte Spermatozoen.

Fig. 13. Urnula Epistylidis *Claparède*, auf einem Stiele von Epistylis plicatilis sitzend.

Fig. 14—17. Zur Entwickelungsgeschichte von Carchesium aselli n. sp.

Fig. 14. Gewöhnliche Exemplare von Carchesium aselli.

Fig. 15. Exemplar mit eben austretendem Embryo und einer grossen Embryonalkugel.

Fig. 16. Entwickelung der Embryonen im Innern der Embryonalkugel.

Fig. 17. Stark contrahirtes Individuum, dessen herausgequollene Wimperscheibe Kugelform angenommen hat und einem selbständigen Sprossling ähnelt.

Fig. 18. Zoothamnium affine *Stein*. Der Kern ist ist in zahlreiche kleine Korperchen zerfallen, die sich besonders in einem grossen conischen, an der Spitze geöffneten Auswuchs angesammelt haben.

## Tafel XXXI.

Fig. 1. Chasmatostoma reniforme n. gen. et sp. — 1 *a*, Nucleus und Nucleolus desselben Thieres. ($\frac{620}{1}$).

Fig. 2. Conchophthirus curtus n. sp.

Fig. 3. Conchophthirus Anodontae *Stein*.

Fig. 4. Microthorax pusillus n. gen. et sp. Von der Bauchseite.

Fig. 5. Microthorax sulcatus n. sp. Von der Bauchseite.

Fig. 6. Dasselbe Thier von der Rückseite.

Fig. 7. Drepanostoma striatum nov. gen. et sp. — 7 *a* Die beiden Nucleus und Nucleolus derselben Art.

Fig. 8. Gastrostyla Steinii nov. gen. et sp.

Fig. 9. Cystenzustand desselben Thieres.

Fig. 10. Pleurotricha setifera n. sp.

Fig. 11 u. 12. Uroleptus mobilis n. sp. Im ausgestreckten und gekrummten Zustande.

Fig. 13. Uroleptus agilis n. sp.

Fig. 14. Oxytricha strenua n. sp.

Fig. 15. Astylozoon fallax nov. gen. et sp. Ausgestreckt umherschwimmend.

Fig. 16. Cystenzustand desselben Thieres.

Fig. 17. Epistylis nympharum n. sp. Von der linken Seite gesehen.

Fig. 18. Dieselbe Art von der Bauchseite gesehen.

---

## Verbesserungen.

| | | | | |
|---|---|---|---|---|
| S. 7 | Z. 14 | v. oben | statt | oder, lies »aber«. |
| » 15 | » 5 | » unten | » | Thlere, lies »Thiere«. |
| » 19 | » 13 | » oben | » | ausgezeichnet, lies »unterscheidet«. |
| » 21 | » 17 | » unten | » | jedes der beiden, lies »jeder der beiden« |

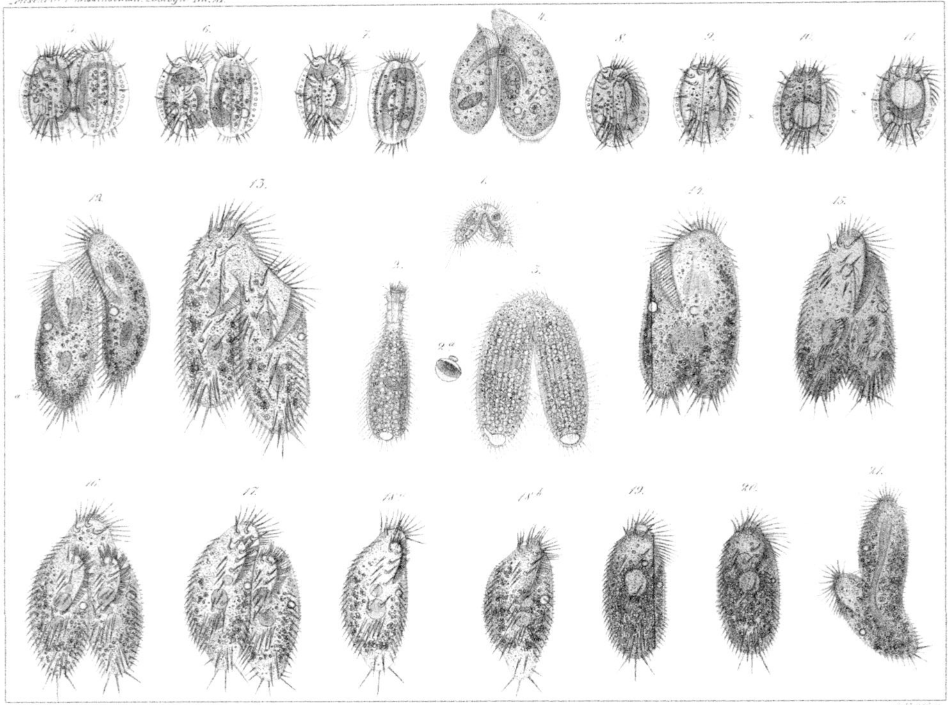
5.
6.
7.
4.
8.
9.
10.
11.
12.
13.
1.
2.
2.a
3.
14.
15.
16.
17.
18.a
18.b
19.
20.
21.

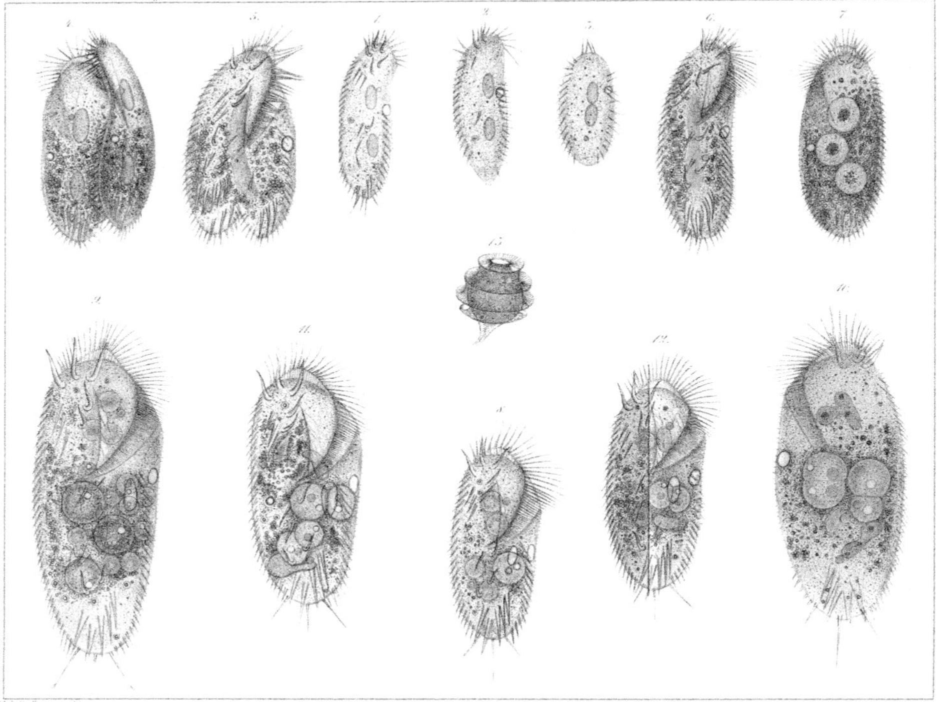


Th. W. Engelmann del.

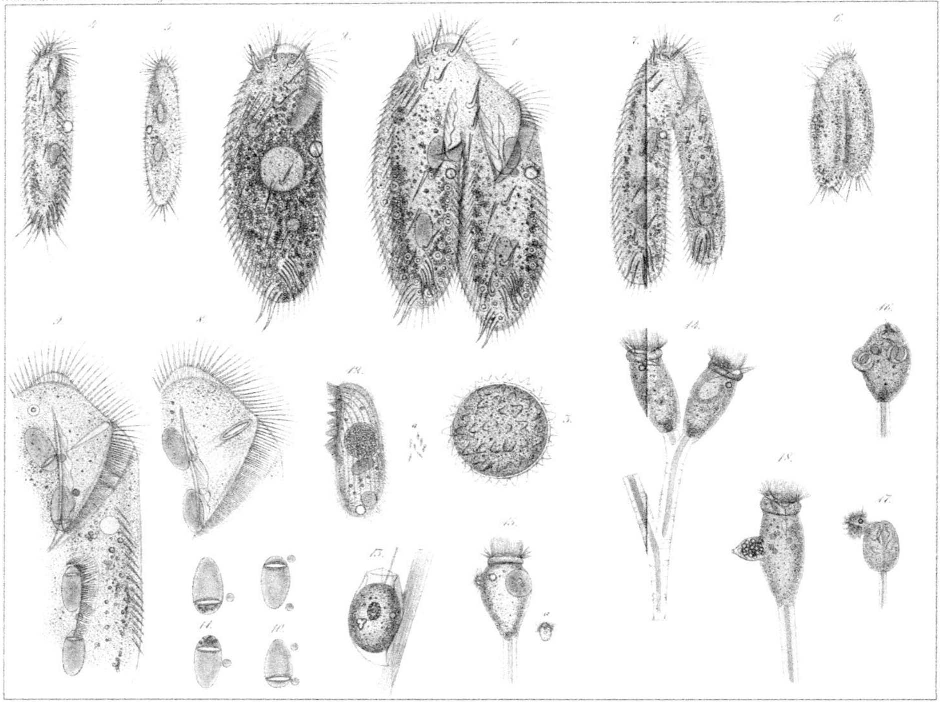

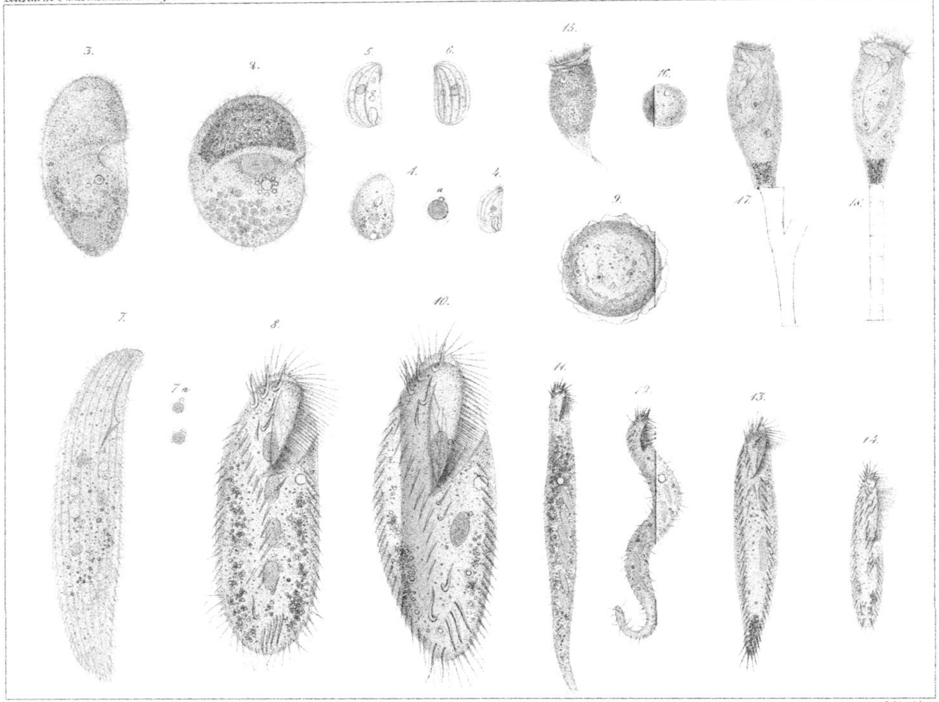


Th. Wilh. Engelmann del.

Printed in Dunstable, United Kingdom

91220022R00037